MANUEL

DU

FABRICANT D'ENGRAIS.

MANUEL

DU

FABRICANT D'ENGRAIS,

OU

De l'influence du Noir animal résidu pur de raffinerie et de la tourbe sur la végétation;

PRÉCÉDÉ

*De Notions élémentaires de Physique
et de Chimie appliqués à la Physiologie
végétale;*

Par G. Bertin,

Chimiste-vérificateur des engrais du département de
la Loire-Inférieure, pharmacien de l'école de
Paris, membre-résidant de la Société Royale
Académique de Nantes, membre-cor-
respondant de la Société des Scien-
ces et Arts de Rennes et de
plusieurs sociétés savantes.

A NANTES,

IMPRIMERIE DE CAMILLE MELLINET.

1841.

A

MONSIEUR CHAPER,

PRÉFET DE LA LOIRE-INFÉRIEURE.

Hommage

De mon profond respect.

Le chimiste vérificateur des
engrais du département,

G. BERTIN.

J'aurais pu, peut-être, en raison des nombreux ouvrages que la chimie possède, me dispenser de faire précéder les trois questions fondamentales de cet opuscule de l'examen de quelques corps de la nature, étudiés au point de vue de la physique et de la chimie. Mais, en négligeant de poser certaines propositions générales, claires, évidentes et reçues dans la science, je rendais mes théories moins faciles à saisir et laissais place à des objections qu'il m'importait de prévenir. Comme mes opinions sur les engrais découlent des grandes vérités consacrées par la science chimique , exposer d'abord les données générales de cette science , c'était placer à côté du précepte les moyens de vérification , et répondre d'avance aux difficultés qu'on eût pu m'opposer ; et puis, m'adressant aux agriculteurs et aux commerçants dont le temps est précieux , et qui, s'ils manquent de certaines connaissances chimiques , n'iront pas les étudier dans de gros livres exprès pour suivre mes raisonnements , j'ai cru nécessaire de renfermer , dans un cercle étroit, la somme des notions préliminaires indispensables à l'intelligence de mon travail.

INTRODUCTION.

ENCORE bien que quelques personnes aient prétendu que le sol n'était, pour les végétaux, qu'un simple soutien destiné à les loger et à leur servir de point d'appui, il serait difficile aujourd'hui de maintenir une pareille théorie sans soulever contre soi la masse des hommes

qui s'occupent de la question agricole,
et qui se croient en droit d'affirmer
que la plus grande partie de la nourriture des végétaux est prise dans la
terre, laquelle s'épuisant à la longue
à force de fournir au végétal les principes de sa vitalité, rend nécessaire le
renouvellement d'un agent qui, répandu dans le sol, lui restitue une
partie de ce qui lui a été enlevé. La nature, toujours sage et uniforme dans ses
principes comme dans ses résultats,
est venue en aide aux recherches de
l'observateur en pratiquant, sous ses
yeux, une série non interrompue d'o-
pérations qu'il lui est facile d'imiter;
telle est entre autres la formation de
ces masses de terreau, où les racines

vont puiser leur nourriture. Mais ici se présente naturellement une question non moins importante, celle de savoir comment les végétaux peuvent s'assimiler les corps organiques, d'où ils tirent le principe de tout leur développement, assimilation qui établit entre certains effets du règne minéral et du règne végétal, une chaîne de continuité qui, sans cela, ne pourrait exister. Cependant, quand on remarque que, dans beaucoup de circonstances, les matières qui servent de nourriture aux plantes, semblent, par leur faible quantité, échapper à tout moyen d'évaluation, puisque souvent on voit les végétaux vivre et croître sur des pierres dures, d'autres qui acquièrent un grand développement dans des sables, des grès, voire même des laves d'une extrême dureté, il faut se rendre à l'évidence de ces faits, et chercher ailleurs que dans les corps organiques cette force créatrice nécessaire à leur développement; nous la trouverons dans l'étude des corps impondérables et pondérables. Ainsi donc, traiter séparément ceux de ces corps qui se rattachent plus spécialement à l'objet de mon travail, et les examiner, tant sous leur point de vue chimique que dans leur action avec les végétaux, me paraît un préliminaire indispensable destiné à éclairer la principale question.

D'après la chimie moderne, tous les corps de la nature ont été divisés en deux grandes classes ; savoir, les corps simples et les corps composés.

Les corps simples, ou corps combustibles, sont des corps qui n'ont pas encore été décomposés ; mais cependant dont certaines propriétés, certains caractères sont connus : ils possèdent la propriété de se combiner avec l'oxigène, et alors de donner naissance à des combinaisons qu'on appelle oxides ou acides.

Les corps composés, au contraire, sont des corps qui, à l'aide de l'analyse, peuvent être réduits dans leurs éléments primitifs, et qui, au moyen de cette réduction, donnent des composés nouveaux.

Indépendamment de ces deux divisions, qui, par le fait, embrassent tous les corps de la nature, les savants ont encore subdivisé les corps simples, les uns en impondérables, et les autres en pondérables.

Les corps impondérables sont : le fluide électrique, le fluide magnétique, le fluide lumineux, le fluide de la chaleur ou calorique. Comme l'action de ces deux derniers corps impondérables joue un rôle important dans l'étude de la physiologie végétale, je les étudierai séparément.

Les corps pondérables simples s'élèvent à quarante-neuf, y compris le radical présumé de l'acide fluorique.

Le nombre des corps composés est infini.

Parmi les corps pondérables simples, j'étudierai, comme se liant plus intimement à l'étude de la physiologie végétale, l'oxigène, l'hydrogène, l'azote, le carbone, le phosphore, le soufre, puis l'oxide d'ydrogène ou l'eau, l'acide carbonique, la chaux, la potasse, la silice, enfin ce que l'on entend par oxides. Je terminerai l'étude de cette série de corps, qui ont une action si directe sur les végétaux, par l'examen abrégé de deux des corps combustibles, non métalliques, dont l'existence est matériellement reconnue dans les engrais, je veux parler de l'hydrogène carboné, et de l'hydrogène sulfuré, ou acide hydro-sulfurique.

DE LA LUMIÈRE.

La lumière émane du soleil, cet astre en est le premier foyer, et les autres corps lumineux ne font que réfléter la lumière qu'ils en reçoivent. Les corps en combustion produisent aussi de la lumière : elle nous arrive du milieu qui l'engendre avec une vitesse extrême. Les physiciens estiment qu'elle parcourt en 8 minutes 13 secondes la distance moyenne de la terre au soleil. La lumière a une action marquée sur tous les êtres de la nature animée ou inanimée ; elle altère, soit seule, soit avec le concours de l'air, la plupart des couleurs minérales ; il est même des couleurs qu'elle détruit entièrement, comme celle du carthame. Mais cette influence de la lumière sur les couleurs ne peut s'opérer que par l'effet de la décomposition des corps soumis à l'action de ce fluide ; alors, les principes constituants des corps ainsi décomposés se combinent dans un autre ordre, et donnent naissance à des composés nouveaux.

La lumière n'agit pas uniformément sur tous les corps ; les uns absorbent ou anéantissent tous ses rayons lumineux, comme les corps noirs ;

D'autres absorbent une partie des

rayons lumineux et renvoient le reste;

D'autres corps se laissent traverser par la lumière et sont transparents.

C'est à la lumière que tous les corps de la nature doivent leur ténuité; les plantes la cherchent et se penchent du côté d'où elle provient. Dans les lieux où les arbres sont entassés les uns contre les autres, ils tendent tous, en prenant une position verticale, à s'élever vers les rayons lumineux; les plantes placées dans les caves se tournent vers les soupiraux; celles qui naissent dans les souterrains traînent leurs tiges molles et flétries vers le lieu qui réflète quelques rayons du soleil; les plantes qui naissent sous les pierres ont un tissu lâche, mou, aqueux,

et jamais elles ne prennent de carac-
tère ferme ou ligneux. Dans cet état,
ces plantes portent le nom d'étiolées,
tandis que les plantes qui croissent sous
le soleil, et surtout dans les pays chauds,
sont dures, ligneuses, colorées, aromatiques.

Mais là ne se borne pas toute la puissance de la lumière; introduite dans un
végétal, elle l'échauffe, distend ses parties, facilite la décomposition de l'eau
et de l'acide carbonique que celui-ci
s'était appropriée; c'est alors que l'hydrogène de l'eau décomposée et le carbone privé de son oxygène s'unissant
à la plante, y accélèrent la formation
de ses parties huileuses aromatiques.
Une partie de l'oxigène provenant de

cette double décomposition opérée dans le végétal, s'y assimile dans un autre ordre, de manière à y faire naître les principes sucrés, les fécules, les acides végétaux; l'excédant de l'oxigène tenu à l'état gazeux par la lumière et le calorique, s'échappe du végétal par ses feuilles, et vient remplacer celui de l'atmosphère que tant de causes diverses tendent sans cesse à lui enlever.

DU CALORIQUE.

Le calorique, ou la chaleur, ne peut pénétrer un corps quelconque sans le

faire augmenter de volume; en sorte
que ce corps tient plus de place à mesure que la chaleur s'accumule; par
l'effet inverse, le corps, en se refroi-
dissant, se retire sur lui-même et tient
d'autant moins de place qu'il a perdu
plus de calorique : cette différence d'é-
tat du froid au chaud se nomme température; tous les corps de la nature
tendent à prendre l'équilibre du milieu
dans lequel ils sont placés. Ainsi donc,
si vous mettez en contact deux corps
de température différente, ils tendent
à se mettre au même degré de température; le plus chaud des deux cède au
plus froid une partie de la sienne, pour
que l'équilibre entre les deux corps s'é-
tablisse.

Le calorique est un fluide qui se meut comme la lumière, sous forme de rayons, d'une extrême subtilité, fluide invisible, élastique, qui tend, comme nous venons de le voir, à se mettre en équilibre dans tous les corps, les pénètre, les dilate, les décompose, les fait passer de l'état solide à l'état liquide, à l'état gazeux, et qui, en se séparant de ces mêmes corps, les ramène à leur état primitif.

Tous les corps ne possèdent pas la propriété de propager le calorique ; ceux qui jouissent de cette propriété, s'appellent bons conducteurs du calorique ; ceux qui, au contraire, jouissent faiblement de cette propriété, s'appellent mauvais conducteurs du calorique. En général, les corps pesants sont bons conducteurs ; le bois, le charbon, les graisses, sont de mauvais conducteurs.

C'est sur la propriété qu'ont les corps de se dilater par le calorique qu'est fondé un des instruments les plus importants de physique, le thermomètre.

Le calorique a une force d'action telle sur les corps, qu'indistinctement ils seraient décomposés par lui, s'il était possible de produire un degré de chaleur approprié à l'affinité moléculaire de ces corps. Cette décomposition alors donnerait naissance à des composés nouveaux, si toutefois l'élévation de cette température n'était pas propre à détruire ce qu'elle vient de créer.

Le calorique émane du soleil, sour[ce]
à la fois de lumière et de chaleur ; l[es]
autres corps en contiennent également
quand on les frappe, ils s'échauffent [et]
laissent dégager la chaleur qu'ils rec[è]
laient. Les gaz comprimés sont aus[si]
susceptibles d'en laisser dégager.

Les physiciens ne sont pas d'acco[rd]
sur la différence qui existe entre le c[a]
lorique et le fluide lumineux ; les u[ns]
les regardent comme des fluides di[s]
tincts, d'autres supposent qu'ils so[nt]
dus à une modification du même fluid[e.]

AIR ATMOSPHÉRIQUE.

L'air atmosphérique n'est point [un]

corps simple, il est composé de corps invisibles comme lui, qui sont le gaz oxigène pour 21 parties, le gaz azote pour 79 parties, avec une faible quantité de gaz acide carbonique et d'eau en vapeur. L'air est diaphane, sans couleur, lorsqu'il est en petite masse, invisible, propre à la combustion et à la respiration; les animaux le respirent sans cesse, aucun d'eux ne pourrait vivre sans lui; mais si l'air que nous respirons et au milieu duquel nous vivons est si essentiel à notre existence, il ne paraît pas destiné à jouer un rôle moins important dans l'acte de la végétation. Pour s'en convaincre, il suffit de remarquer avec quelle activité poussent les végétaux exposés à l'air libre, et l'état de langueur dans lequel tombe une plante privée de cet agent ; mais auquel des fluides gazeux qui composent l'air atmosphérique faut-il attribuer cette force de vitalité que les végétaux en reçoivent ? Tout semble prouver que cette influence est due au gaz oxigène qui, jouissant à un haut titre de la puissance de s'unir au carbone qu'engendre les végétaux et qui s'en exhale, donne naissance à de l'acide carbonique, lequel à son tour sert au développement du végétal. La nécessité du gaz oxigène dans l'air comme principe de vitalité, paraît encore démontrée par l'impossibilité où se trouve placé le fluide atmosphérique d'entretenir la vie végétale après l'épuisement

du gaz oxigène ; on concevra encore
bien mieux cette vérité, quand on saura
que le gaz azote, le gaz hydrogène,
qui seuls tuent les végétaux, perdent
cette propriété délétère par l'addition
d'une certaine proportion d'oxigène.

OXIGÈNE.

L'oxigène est un corps simple très-
répandu dans la nature ; il est une des
bases de l'air atmosphérique, l'un des
éléments de l'eau, le principal géné-
rateur des acides et des oxides, et l'une
des parties constituantes des corps or-
ganisés ; sa découverte est due à Pries-

ley: Scheele, pharmacien allemand, le découvrit presque en même temps. Lavoisier en étudia les propriétés. L'oxigène est un gaz sans couleur, sans odeur, sans saveur, propre à la combustion et à la respiration. Sa densité est de 1,1026; l'eau peut en dissoudre les $3_{\rceil}100$ de son volume.

Le gaz oxigène est le seul gaz qui puisse entretenir la vie des animaux; cependant, quand il est pur, il produit une grande excitation dans les organes pulmonaires, aussi son action dans l'air atmosphérique est-elle tempérée par les quatre cinquièmes de son volume d'azote. Ce n'est point à l'état de pureté et d'isolement que l'oxigène a une action aussi favorable aux végétaux, car, dans cet état, il accélère d'abord l'acte de la germination, mais bientôt il la détruit par son activité trop puissante, et de même que les animaux, les végétaux ne peuvent se développer ni continuer à respirer, ni vivre sans que ce gaz soit modifié.

L'oxigène, absorbé pendant l'acte de la germination, se combine avec l'excès de carbone du jeune végétal, pour donner naissance au gaz acide carbonique qui est rejeté au-dehors; c'est par cette absorption de l'oxigène que la fécule des cotylédons passe à l'état de sucre, devient soluble, et, dans cet état, sert de nourriture à l'embryon.

HYDROGÈNE.

L'hydrogène ne se présente jamais
à l'état pur; on le trouve toujours à
divers degrés de combinaisons. C'est à
l'état gazeux, lorsqu'il a été dissout
par le calorique, qu'il paraît avoir plus
de pureté. Dans cet état, il n'a point
d'odeur sensible, il est incolore; il est
le plus léger de tous les corps, et, d'a-
près Berzelius et Dulong, il pèse qua-
torze fois moins que l'air atmosphérique; il est impropre à la combustion
et à la respiration, mais il s'allume à

l'approche d'un corps enflammé. On l'extrait de la décomposition de l'eau, dont il est un des principes constituants.

L'hydrogène, à l'état de gaz, n'est jamais absorbé par les plantes, soit pur, soit mêlé au gaz oxigène; mais, introduit dans les végétaux par l'effet de la décomposition de l'eau dont il est un des principes constituants, il y forme les principes immédiats, les huiles, les extraits, les parties colorantes.

AZOTE.

La découverte de l'azote est due à

Lavoisier, il la fit en 1775. Ce corps simple était connu autrefois sous le nom de mofette atmosphérique, air ou gaz flogistiqué, air vicié. Ce gaz forme les 4/5 du volume de l'air atmosphérique, il fait partie constituante des éléments des substances animales et de quelques matières végétales. Il se trouve en grande quantité dans la nature à l'état gazeux; dissout par le calorique, il est incolore, inodore, jouissant de toutes les propriétés de l'air, sa densité est de 0,9760. L'eau n'en absorbe que 0,04 [c.] de son volume, la chaleur le dilate, le froid le condense, il est impropre à la respiration, il éteint les corps en combustion, il jouit de la propriété de former de l'acide nitrique avec l'oxigène et de l'ammoniaque avec l'hydrogène.

Les plantes en général n'absorbent jamais l'azote ; celui qui fait partie de leur constitution ne provient donc que des engrais absorbés à l'état de dissolution par l'extrémité des fibres les plus déliées de leurs racines, puis ensuite décomposé dans le végétal, de même que l'eau et l'air atmosphérique par l'effet de la lumière et du calorique. Le gaz azote serait-il à l'état de liberté dans le végétal à l'effet de neutraliser sans cesse la trop grande activité du gaz oxigène à l'état de liberté ? Cette hypothèse mériterait peut-être d'être discutée.

CARBONE.

Le carbone est un corps simple, très répandu dans la nature, il se présente sous divers états et sous diverses formes. A l'état pur, il constitue le diamant. A des degrès inférieurs de pureté et provenant de la décomposition des substances organiques, il est désigné, dans l'économie domestique, sous le nom de charbon. Dans cet état, sa teinte noire n'est jamais parfaitement uniforme ; il contient toujours de l'hydrogène et une certaine quantité de substances salines. Le célèbre Lavoisier est , parmi les savants , celui qui en a le plus avancé l'histoire; c'est à cet homme illustre qu'est due la preuve que ce corps en brûlant absorbe l'oxigène de l'air , et le fait passer à l'état d'acide carbonique. Ce phénomène s'observe même à la température ordinaire , mais seulement après un laps de temps considérable. On pense généralement que cet effet est dû à l'influence de la lumière, et qu'il ne pourrait avoir lieu dans l'obscurité. Une autre propriété du carbone, qu'il est important de constater ici , c'est que cette substance , quoique impure, jouit de la propriété de décomposer l'hydrogène sulfuré; le résultat de cette décomposition donne naissance à de la chaleur, à de l'eau, à de l'acide carbonique et à du soufre.

Le carbone, uni à l'oxigène, forme l'acide carbonique, et cet acide, uni à des bases, forme les carbonates. Le carbone est une partie constituante des matières végétales et animales. Dans les végétaux, il ne paraît jamais être introduit à l'état de pureté et d'isolement : car, dans cet état, il n'est point soluble. Mais lorsqu'on connaît la grande affinité qu'a ce corps simple à s'unir à l'oxigène pour passer à l'état d'acide carbonique, puis dans cet état à devenir soluble, il est alors facile de concevoir le rôle important qu'il joue dans l'acte de la végétation. Sans entrer ici dans l'examen de ses moyens d'introduction et de son assimilation dans le végétal, il suffit de savoir que le carbone introduit dans la plante, y circulant à l'état d'extrême division, sous l'influence du calorique, de la lumière, des courants électriques, s'y combine en plusieurs ordres et s'unit aux autres substances, à l'hydrogène pour former les produits immédiats, à l'oxigène, pour former l'acide carbonique, desquelles combinaisons résulte la plus grande proportion des éléments constituants du végétal.

PHOSPHORE.

Ce corps simple, rangé au nombre

2

des métalloïdes , ne se rencontre presque jamais à l'état de liberté, mais, au contraire, toujours combiné à l'oxigène ou à d'autres corps simples ; il est très-répandu dans la nature à l'état de phosphate ; la couleur du phosphore est d'un blanc jaunâtre, sa consistance est celle de la cire ; il fut découvert par Brandt, en 1659.

Au nombre des corps combustibles simples qui se rencontrent quelquefois dans les plantes, on compte le phosphore ; Margraff a extrait du phosphore des graines de sinapi. Tout porte à croire que ce corps étranger à la composition végétale, n'est apporté, dans les vaisseaux des plantes, que par les tubes capillaires des racines à l'état de sous-phosphate uni à une base, dissout dans les sucs ou l'eau que les organes végétaux absorbent sans cesse, et qui, introduit dans leurs tissus, y éprouvent une réaction chimique due à l'influence de l'électricité, de la lumière, réaction qui lui permet alors de se constituer dans un autre ordre.

La grande affinité qu'a le phosphore, pour l'oxigène, permet de l'employer avec avantage pour faire l'analyse de l'air et de tous les composés gazeux dans lesquels l'oxigène est mélangé.

LE SOUFRE.

Le soufre est un corps combustible

métalloïde ; il se rencontre souvent dans la nature mêlé avec des substances étrangères ; il s'y trouve aussi à l'état de pureté ; le soufre est d'une belle couleur jaune, fusible à la température de 90 degrés. Dans le commerce, on le trouve à l'état sublimé, alors vulgairement connu sous le nom de fleur de soufre ; on le vend aussi en canon ou en morceaux cylindriques.

Le soufre forme diverses combinaisons avec les corps simples dont la dénomination se modifie alors sur celle du nouveau corps auquel il est uni.

De même que le phosphore, le soufre se trouve dans beaucoup de plantes ; les eaux, les alcools obtenus de la distillation des plantes crucifères laissent déposer du soufre ; c'est à la présence de ce corps simple, si souvent contenu dans les végétaux, qu'il faut attribuer l'odeur du gaz hydrogène sulfuré, qui s'exhale de ces plantes, lorsque amoncelées, humectées, elles s'échauffent, se colorent, et passent à la fermentation putride.

EAU.

L'eau, ou oxide hydrogène, est un des corps les plus abondants de la nature, et se présente sous trois états : à l'état

solide, à l'état liquide, à l'état de vapeur.

L'eau liquide ne se trouve jamais
pure dans la terre, elle tient toujours
en solution diverses substances solides.

L'eau pure est un liquide tranparent,
sans couleur, sans odeur, sans saveur,
élastique.

L'oxigène et l'hydrogène s'unissent
pour composer l'eau dans le rapport
de :

Oxigène 88 90
Hydrogène. 11 10
                     ―――――――――
. . . 100 00

L'utilité de l'eau pour les végétaux,
son importance comparativement aux
autres substances qui entretiennent la
vie végétale, est telle, que quelques

praticiens ont avancé que le sol où les graines germent est indifférent, et qu'elles ne demandent que la présence de l'eau. On a été porté à soutenir cette opinion, en considérant la puissance dissolvante de l'eau, et sa facilité de décomposition, qui, par là, lui permet de céder aux plantes les deux corps simples qui la constituent. Si on considère la fraîcheur que reprend une plante déjà fanée, desséchée, quand on expose la partie chevelue de ses racines au contact de ce grand dissolvant de la nature; si l'on songe que la germination ne peut avoir lieu, sans qu'au préalable la graine ait été traversée par l'humidité, on pourra alors apprécier si l'opinion de ces hommes était déraisonnable; mais, encore bien que tous les physiologistes soient d'accord sur la nécessité de l'eau, sur son absorption à l'aide des vaisseaux et des pores absorbants des végétaux; ils sont cependant encore à s'expliquer comment l'eau atmosphérique, ainsi absorbée, peut s'insinuer à la place des liquides qui existent déjà dans le végétal.

Quoi qu'il en soit, il est incontestable que la puissance dissolvante de l'eau lui donne le moyen d'enlever à la terre les principes propres aux végétaux, qui, des parties les plus tenues de leurs racines jusqu'à la tige la plus élevée, les traverse, chargée de tous les sels nourriciers qu'elle aspire et répand dans toute la constitution du végétal.

A part l'action dissolvante de l'eau, elle jouit encore d'une puissance d'action bien plus forte, en raison qu'elle est plus ou moins imprégnée d'air; aussi, est-ce par cette cause que l'eau de pluie, qui a traversé une partie de l'atmosphère et qui par là s'est aérée, jouit d'une puissance d'action sur les racines beaucoup plus grande que l'eau de puits ou de citerne.

Nous avons vu plus haut que les eaux qui découlent de la terre sont rarement pures; il est facile de s'en rendre compte, quand on observe les phénomènes de la végétation, et quand on songe que les matériaux qui existent dans la terre et qui deviennent la nourriture des végétaux, ne peuvent être absorbés par eux, qu'au préalable ils n'aient été distendus, puis tenus en suspension par l'action dissolvante de cet agent, pour pouvoir être portés à l'état d'extrême division de la partie la plus déliée de la racine au sommet de la plante; l'eau peut donc apporter dans le végétal une partie des terres silicées, des oxydes de fer qu'on y remarque, en augmentant la puissance dissolvante des extraits de terreaux, action dissolvante qui ne peut même pas être mise en doute.

L'eau, en portant dans les végétaux les extraits de terreaux, le carbone à l'état d'extrême division et en solution, distend, gonfle, allonge les parties du végétal; mais cet effet ne peut avoir lieu sans que cette eau, une fois introduite dans la plante, ne soit dé‑composée par l'effet du calorique et de la lumière. L'hydrogène de l'eau décomposée s'unit au carbone, pour donner naissance aux huiles, aux extraits, aux matières colorantes; l'oxigène de l'eau se partage en deux parties, dont une se fixe au végétal, pour donner naissance aux acides végétaux, aux fécules; l'autre partie de l'oxigène, tenue à l'état gazeux par la lumière et le calorique, s'échappe par ses feuilles.

ACIDE CARBONIQUE.

Le gaz acide carbonique est un corps

composé, abondamment répandu dans la nature, et s'y trouve sous trois états : à l'état gazeux dissout par le calorique ; à l'état de solution dans l'eau ; 3.° combiné avec divers oxides. Ce gaz était connu autrefois sous le nom d'air fixe ou fixé, d'acide méphytique, d'acide aérien, d'acide crayeux ; à l'état gazeux, il est incolore, d'une saveur aigrelette, impropre à la combustion et à la respiration. D'après Berzelius, ce gaz est composé de :

Carbone. . . . 27 65 ou 1 atome.
Oxigène. . . . 72 35   2 atomes.

Le gaz acide carbonique joue un rôle très-important dans l'acte de la végétation. C'est lui qui fournit aux plantes le carbone qui leur est nécessaire pour

donner naissance, à l'aide de l'hydrogène, aux divers matériaux immédiats
des plantes, et c'est lui-même qui leur
permet de rejeter au dehors le gaz oxigène qui acidifiait le carbone.

LA CHAUX.

La chaux, appelée aujourd'hui oxide
de calcium, était employée dans la plus
haute antiquité.

Duhamel paraît être le premier qui
ait étudié ses combinaisons avec les
acides.

La chaux se trouve en grande quan-

tité dans la nature, presque toujours
à l'état de combinaison très-rarement
pure. Dans cet état, elle est blanche,
inodore, d'une saveur âcre, caustique et
alcaline ; elle est infusible au feu ordinaire des fourneaux. Cependant, elle
se ramollit au foyer du verre ardent ;
exposée au contact de l'air, elle en absorbe l'humidité, s'échauffe peu à peu
et se réduit en hydrate, puis absorbe
l'acide carbonique.

La chaux n'a aucune attraction pour
l'oxigène, l'azote, l'hydrogène, le carbone ; mais elle en a pour le phosphore et beaucoup pour le soufre.

La chaux est peu soluble dans l'eau ;
elle est plus soluble dans l'eau froide
que dans l'eau chaude. La chaux dé-

layée dans l'eau se dissout peu à peu ; elle est sans effervescence dans les acides nitrique et hydro-chlorique.

La chaux n'absorbe qu'à la longue l'acide carbonique atmosphérique , et ne passe qu'à la longue encore à l'état de carbonate de chaux.

Elle se trouve abondamment dans les végétaux , souvent même pure ; on s'est demandé si la chaux dans ceux-ci était un composé de leurs organes, ou si elle y était aspirée par les racines ; l'opinion la plus rationnelle est celle qui en explique l'introduction dans le végétal par la force d'absorption de la plante , qui l'aspire à l'état terreux ou d'extrême division, ou tenue en solution dans les liquides environnants.

La chaux est puissamment employée, on s'en sert comme d'engrais propre à diviser les terres, à hâter la végétation, à réchauffer les terres humides, à détruire les insectes et les mauvaises herbes ; elle est employée au chaulage du grain ; mais, dans ce cas, on se demande encore si c'est à ses propriétés alcalines qu'est dû l'avantage d'empêcher la reproduction de la carie des blés, ou bien si cette carie est une conséquence qui doit inévitablement résulter d'une mauvaise constitution de la semence, laquelle pendant son séjour plus ou moins long dans une solution alcaline, perdrait, par ce fait-là même une partie de sa propriété reproductive, et mourrait faute d'avoir pu supporter cette épreuve, semblable à ces hommes chétifs, placés sous l'influence d'un air méphitique, qui meurent faute de trouver dans leur poumon une force d'action suffisante pour leur permettre de supporter plus long-temps l'influence d'un air impropre à la vie.

POTASSE.

La potasse, aujourd'hui protoxide de potassium, est le résultat de la calcination du résidu salin provenant de l'évaporation de la lessive des cendres.

La potasse, dans le commerce, tire son nom des pays qui la fournissent ; elle se trouve ordinairement composée de carbonate de potasse, de sulfate de potasse, de chlorure de potassium, d'acide silicique, d'oxyde de fer et de manganèse.

La potasse existe très-abondamment dans la nature ; on la trouve dans plusieurs productions volcaniques et dans quelques substances animales ; ainsi donc elle n'est point un produit particulier aux végétaux, quoiqu'on la retire des plantes par leur combustion et leur incinération. Bien qu'on ait cru long-temps qu'elle se formait pendant qu'on chauffait leurs cendres, cette dernière opinion n'est cependant guère admissible , aujourd'hui surtout que la physiologie végétale permet d'expliquer comment, à l'aide de leurs racines, les végétaux peuvent s'assimiler la potasse dans ces différents états de combinaison.

La potasse n'a aucune action sur l'oxigène, l'azote, l'hydrogène, le carbone ; elle se combine avec le soufre et donne naissance à un composé d'un emploi très-fréquent en médecine , connu sous le nom de *polysulfure de potassium.*

La potasse se combine facilement avec les acides, et alors elle donne naissance à des produits appelés sels.

A l'état de pureté, la potasse est blanche, susceptible de cristalliser ;

elle a une saveur âcre et caustique ;
elle dissout toutes les matières animales, molles; elle altère puissamment
l'humidité de l'air, tombe alors en dé-
liquium. Cet alcali absorbe l'acide carbonique de l'air, augmente de poids,
devient effervescent avec les acides.

SILICE.

La silice, nom sous lequel on a désigné tout d'abord l'acide silicique, est
un des corps connus de toute antiquité :
d'abord, appelée terre vitrifiable, parce

qu'elle jouit de la propriété de se fondre à l'aide des alcalis fixes; silice, parce qu'elle constitue le caillou; regardée comme corps simple jusqu'à la connaissance des travaux de Davy. Abondamment répandue dans la nature, destinée, en raison de sa ténuité, à former la base solide des corps qui, par leur inaltérabilité, sont appelés à être témoins des révolutions du monde. La silice se trouve presque pure dans le quartz, et constitue environ les 0,99 du poids des cailloux.

A l'état pur, elle est sous forme de poussière blanche, rude au toucher, sans saveur et sans odeur; frottée entre les doigts, elle raie l'épiderme, est rude et sèche à la langue. Sans action sur les corps combustibles simples ou composés, l'oxigène, l'air, ne lui font éprouver aucune altération.

Les acides phosphoriques, boraciques s'unissent avec la silice par la fusion. L'acide fluorique la dissout ; l'acide muriatique jouit également de cette propriété.

La chimie moderne éprouve toujours une certaine difficulté à dissoudre cette terre, si abondamment répandue dans les divers sols, où elle se trouve à l'état de sable fin, apporté par les eaux des montagnes, qui l'entraînent dans les vallées. Mais la nature possède en elle-même la haute faculté de communiquer à l'eau qui l'apporte, l'entraîne, une puissance d'action dissolvante telle, que cette eau peut en dissoudre une très-grande quantité. Ce fait admis, il est facile de concevoir que les végétaux devant se l'assimiler, l'observateur en retrouvera les traces dans les parties les plus tenues du végétal.

Il est inutile de signaler ici les nombreux services que la silice rend aux arts utiles à l'homme.

ACIDES.

Les savants ont donné le nom d'acides à des substances qui ont une saveur aigre, qui rougissent les couleurs bleues

végétales , qui jouissent de la propriét
de saturer les bases salifiables , et d
donner naissance à des composés qu'o
appelle sels. Les acides sont le résulta
de la combinaison de l'oxigène ou d
l'hydrogène avec un radical simple o
composé. Ces combinaisons prennent l
nom d'oxacides ou d'hydracides , selo
qu'elles doivent leur acidité à l'hydro
gène ou à l'oxigène.

OXYDE.

On appelle oxide toute combinaiso
résultant de l'union d'un corps simpl

avec l'oxigène, et qui, dans cet état, ne possède pas la propriété de rougir la teinture de tournesol, et d'avoir une saveur acide. La plus ou moins grande affinité de ces corps simples pour l'oxigène donne naissance à une infinité d'oxides qui tirent leur nom de la somme d'oxigène absorbé. On divise les oxides en deux grandes classes : les oxides non métalliques et les oxides métalliques. Beaucoup d'oxides métalliques sont électro-positifs, et peuvent, eu saturant les acides, former avec eux des sels.

Les acides végétaux sont composés des éléments végétaux : l'oxigène, l'hydrogène et le carbone.

Les acides animaux sont composés

2 *

d'hydrogène, de carbone, d'azote et d'oxigène.

C'est, je crois ici, le cas de répéter encore, qu'en général, tous les matériaux des végétaux sont formés, dans leurs premiers principes, de carbone, d'hydrogène et d'oxigène, et que l'azote existe dans quelques-uns d'entre eux. On peut même avancer que presque toutes leurs propriétés chimiques dépendent de la combinaison de ces divers principes. Mais, indépendamment des éléments primitifs où les végétaux puisent leurs propriétés, on peut dire que certains d'entre eux deviennent ce qu'ils sont par l'influence de substances étrangères, pour ainsi dire, à leur nature intime. Ces substances, puisées et pompées dans les terres par les spirales des racines, sont portées dans les vaisseaux des plantes à l'état de dissolution avec les sucs ou l'eau que leurs organes absorbent sans cesse, soit à l'état de corps simple, soit à l'état métallique, soit à l'état acide, soit à l'état de base terreuse alcaline. L'acide carbonique excepté, c'est presque toujours à l'état de combinaison qu'on y trouve les acides nitriques, sulfuriques, phosphoriques, unis avec la chaux, la potasse, et rarement avec la soude.

Il est encore une classe d'acides que les végétaux s'assimilent; je veux parler des hydracides. Ces corps se divisent en deux sections; savoir : les hydracides hologènes, comme l'acide hydro-chlorique, et les hydracides amphigènes, comme l'acide hydro-sulfurique.

ACIDE HYDRO-SULFURIQUE.

Cet acide était connu autrefois sous le nom de gaz hydrogène sulfuré, eau hydro-sulfurée, gaz et acide hépathique. Scheele, pharmacien allemand, est le premier qui fit connaître l'acide hydro-sulfurique, sous le nom d'hydrogène sulfuré. Ce gaz est le produit de la décomposition des substances organiques qui admettent le soufre parmi leurs éléments. L'acide hydro-sulfurique gazeux est incolore, son odeur est celle qui s'exhale des œufs pourris, sa densité est de 1,1912. Il éteint les corps en combustion, mais s'enflamme au contact de l'air. Ce gaz rougit la teinture de tournesol; l'eau en dissout près de trois fois son volume; alors, elle a l'odeur, la saveur de l'hygène sulfuré. Exposé à l'air, ce gaz se décompose par degré, et laisse précipiter du soufre. Cet acide est composé en poids de . . .   100 de soufre.

. . . . 6,13 d'hydrogène.

L'acide hydro-sulfurique dissout dans l'air est un des gaz les plus délétères. L'air qui en contiendrait 1/800, 1/300, 1/200 tuerait, dans ces différentes proportions, un moineau, un chien de moyenne gran-

deur et un cheval. Indépendamment d
ce que ce gaz est le résultat de la dé
composition des substances animales e
végétales, il se forme encore dans le
égouts, dans les latrines, dans les eau
stagnantes. On ne saurait apporter tro
de précautions pour neutraliser les fu
nestes effets de ce gaz.

Il y a quelques années qu'on indi
qua, comme moyen de se débarrasse
des rats, dans les fermes, les greniers
les caves et autres lieux qui en son
infectés, l'usage de l'hydrogène sulfu
ré. Quoique le procédé qui fut publi
soit très-simple, puisqu'il ne s'agit qu
d'introduire un peu d'hydrogène sul
furé dans les trous où ces animaux s
retirent, on ne doit, selon moi, use

de ce moyen qu'à la dernière extrémité ; car il arrive souvent que la personne qui s'occupe de la préparation
de ce gaz devient victime des vapeurs
qui se dégagent de l'appareil, avant
même qu'elle se soit aperçue de ce dégagement.

Les premiers secours à donner sont
l'exposition au grand air, les lotions
d'eau froide sur le corps, l'inspiration
du chlorure de chaux ; mais, indépendamment de ces premiers secours, il
sera toujours bon de recourir au savoir
faire d'un homme de l'art.

GAZ HYDROGÈNE PROTO-CARBONÉ,
OU DEMI-CARBONÉ.

L'hydrogène dont nous nous sommes déjà entretenus, jouit de la propriété de se combiner avec certains corps combustibles, et forme des composés connus sous le nom de corps combustibles composés, non métalliques, lesquels tirent leur dénomination des deux corps combustibles qui les constituent.

Parmi les composés qui résultent de l'union de l'hydrogène avec le carbone, et qui ont été plus particulièrement étu-

diés, on en distingue deux espèces
principales, savoir : l'hydrogène bi-car-
boné, ou deuto-carboné, et l'hydrogène proto-carboné, ou demi-carboné.

Ce dernier, vulgairement connu sous
le nom de gaz hydrogène des marais,
est désigné aujourd'hui par Berzelius
sous celui de carbure-tétrahydrique.

Ce gaz qui, quelquefois, se dégage
de la terre, se rencontre dans la vase
des eaux stagnantes et des marais ; il s'y
forme de la décomposition des substances organiques ; l'hydrogène proto-
carboné est un gaz inodore, insoluble
dans l'eau ; sa densité est de 0,559. Il
brûle à l'approche d'une bougie allu-
mée ; mêlé avec l'air atmosphérique et
mis en contact avec un corps en igni-

tion, il donne lieu à une détonation, souvent cause de funestes accidents, comme on en signale fréquemment dans les mines, et qui sont produits par ce mélange de gaz que les mineurs appellent feu grison ou terrou.

Les agriculteurs ont été à même d'observer que les plantes exposées dans les environs des lieux d'où ce gaz se dégage, acquièrent un développement considérable, et leurs fruits un goût et une saveur toute particulière. Ce phénomène est dû à la facilité de décomposition inhérente à l'hydrogène carboné, qui lui permet, une fois assimilé, de céder aux végétaux un carbone plus nu, plus disposé à traverser tous les tissus de ceux-ci.

ENGRAIS.

En général, ce qu'on appelle engrais est le résultat ultérieur de la décomposition des substances organiques végétales et animales, qui, après avoir été amoncelées de manière à ce que l'eau et l'air les environnent et même les traversent, s'échauffent, se colorent, se divisent, exhalent, avec de l'eau en vapeur, une odeur désagréable d'hydrogène sulfuré, ou d'acide hydro-sulfurique, de gaz hydrogène proto-carboné, d'ammoniaque, et fournissent un liquide noirâtre

tenant en supension du charbon qui s'
précipite à la longue, pour passe
l'état de matière friable noirâtre qu
appelle terreau, lequel, dans cet ét
jouit à un haut titre de la propri
d'absorber l'oxygène de l'air.

Les engrais se divisent en plusie
classes, et tirent leur nomenclature
éléments qui les fournissent ; ils port
le nom d'engrais verts, d'engrais a
maux, d'engrais liquides, d'engrais m
tes. En dehors de ces engrais, il en
un qui forme une classe à part, co
aujourd'hui sous le nom de noir ani
résidu pur de raffinerie. Cet eng
sera l'objet d'une étude spéciale.

Bien que l'eau et l'air jouent un
des plus importants dans l'acte de

végétation, ce serait une grave erreur
de se persuader que l'eau et l'air seuls
pourraient suffire à l'alimentation des
végétaux, et que, sous l'influence de
ces deux agents, ils atteindraient leur
complet développement, sans qu'au
préalable, leurs racines eussent puisé
dans la terre la plus grande partie de
leur nourriture. Pour se convaincre de
ce fait, il suffit de remarquer avec
quelle faiblesse d'organisation s'élève
un végétal placé sous ces influences
seules, combien peu, dans cet état, sont
susceptibles de donner des fruits, tandis que le végétal, dont les racines plon-
gent dans la terre, acquiert un carac-
tère de force et un développement d'autant plus grand, que le sol est moins

épuisé, avantage qui se répand sur le
fruits, en leur communiquant et leu
imprimant un goût plus suave, un cachet tout particulier.

D'autre part, il suffit, pour ne pa
attribuer à l'eau et à l'air un rôle tro
exclusif, de remarquer avec quell
promptitude les végétaux épuisent l
substance du sol, et par quels soins le
agriculteurs instruits cherchent, à l'aid
de moyens factices, à suppléer à ce
appauvrissement de la terre. Heureu
les agriculteurs qui, sans entrer dan
la controverse des théories que les ques
tions d'engrais ont fait naître, n'ont pen
sé qu'à l'amélioration de leurs ancien
procédés déjà fondés sur un long cour
d'observations, et qui se sont contenté

d'imiter l'exemple de la nature, dont l'action réparatrice fournit, chaque année, des couches d'un terreau végétal, lequel supplée sans cesse à celui que les végétaux se sont assimilés.

L'eau qui a séjourné sur les fumiers, et qu'on appelle eau des fumiers, ou vulgairement pureau, indépendamment des corps gazeux et du carbone qu'elle tient en suspension, entraîne encore à l'état de dissolution les oxides de fer, la silice, l'azote, le soufre, le phosphore, la chaux, la potasse, tous corps extraits des éléments primitifs des engrais, et dont chaque partie ayant été distendue par le calorique et par les courants électriques, se trouve placée de manière à se laisser entraîner par

l'eau du fumier et dans un état de solution appropriée aux moyens d'absorption des racines, pour pénétrer ensuite
dans tous les organes et former les produits immédiats. Ces faits admis, il est
facile de s'expliquer combien est grand
le principe alimentaire que les végétaux
puisent dans les engrais et qu'ils s'assimilent, de comprendre la cause de leur
végétation et de leur extrême développement ; de saisir les moyens à l'aide
desquels ils se procurent l'oxigène des
engrais que celui-ci oxide sans cesse ;
de suivre l'absorption de l'hydrogène
si matériellement existant dans les matières fertilisantes, où il s'unit tantôt
avec le carbone, tantôt avec le soufre ;
puis d'observer, lorsque ces deux der-

niers corps se sont introduits dans les végétaux, la séparation partielle de leurs parties, à l'aide du calorique, de la lumière et des courants électriques, toutefois après que l'oxigène et l'hydrogène ont servi d'intermédiaire à l'introduction du soufre et du carbone, dont on concevrait difficilement l'introduction par eux-mêmes dans les plantes, vu la cohésion moléculaire de celui-là, ou bien encore l'insolubilité de celui-ci.

La tendance des végétaux à s'assimiler le carbone a jeté certains compositeurs d'engrais du département de la Loire-Inférieure dans des manipulations qui, pour quelques-uns, ont été des plus funestes, tant sous le rapport de l'agriculture que sous celui de l'industrie.

Se fondant sur ce fait incontestable de la propriété des végétaux à s'assimiler le carbone, ils ont pris pour base de leurs opérations ce résultat si matériellement prouvé aujourd'hui; et, sans s'occuper du comment, ils se sont dit tout d'abord : fournissons en masse du carbone aux végétaux, et ceux-ci sauront bientôt se l'approprier; alors, ils se sont occupés des moyens de se procurer du carbone. Quelques usines ont été montées à grands frais, et, pour avoir cette matière première, les terres, les bois, les tourbes ont été tour à tour exploités. A ces matières charbonneuses les uns ont ajouté des matières organiques fortement azotées, croyant qu'après quelques jours d'une faible mixtion, ils étaient assurés de posséder un bon engrais; d'autres, se fondant sur la fausse hypothèse que les noirs, résidus purs de raffinerie, ou charbon d'os, n'agissaient que par cela même qu'ils avaient été mis en contact avec le sucre, ajoutaient encore à leur mélange des quantités de mélasse.

Cependant, en partant de ce principe que les conditions indispensables à la germination sont tout d'abord l'eau, la chaleur, l'air, les inventeurs du système exposé ci-dessus pouvaient croire, jusqu'à un certain point, qu'ils agissaient conséquemment; car leurs composts, par la mixtion qu'ils leur faisaient subir, pouvaient à la rigueur, réunir ces trois conditions; mais ce-

pendant, avant tout, il eût été éminem--
ment rationnel de penser que la terre,
même la meilleure, employée comme
base de leur opération, devait par l'o-
pération de la carbonisation, perdre
toutes ses propriétés végétatives.

Nous avons vu à l'article carbone,
que si le charbon jouissait de la propriété d'absorber l'oxygène de l'air à
une température peu élevée, ce phénomène ne pouvait avoir lieu que dans
un laps de temps considérable; que
même, cet effet ne s'observait que sous
l'influence de la lumière, et que sans elle
l'absorption ne pouvait avoir lieu ; nous
avons vu encore qu'il est de base fon-
damentale que les végétaux ne peuvent
s'assimiler les sucs des terres, les sels,

qu'autant que ceux-ci soient à l'état d'extrême division et tenus en suspension par un agent tel que l'eau, attendu que les diverses matières si abondamment répandues dans les sols et qui contribuent sans cesse à la nutrition végétale, ne peuvent, sous une forme sèche et éminemment pulvérulente, pénétrer dans les tissus des racines d'un végétal, qu'au préalable, elles n'aient été ramenées à l'état de solubilité.

De ces faits, on peut conclure qu'encore bien que les substances organiques végétales éprouvent une fermentation qui en atténue les parties, les divise, les décompose, les fait passer à la longue à l'état de carbone, ces substances néanmoins ne sauraient être, dans cet état, comparées au carbone, dont les compositeurs d'engrais se servent comme d'excipiens à leurs mélanges, attendu que les substances organiques végétales, même après la fermentation établie dans leurs parties, conservent encore des proportions assez sensibles de potasse et de chaux, provenant des éléments primitifs des substances organiques qui ont servi à les constituer, lesquels alcalis réagissent chimiquement sur les matières organiques des engrais et sur leurs carbones formés par suite de la fermentation, tandis que le charbon ou le carbone impur dont se servent les compositeurs d'engrais, soit qu'il provienne de l'incinération du bois ou de celle de la tourbe, est toujours un des corps les plus insolubles, et ne pouvant, comme nous l'avons vu plus haut, passer à l'état d'acide carbonique, même par la suite des temps, à cause de l'impossibilité où il se trouve d'être absorbé en solution par les suçoires des racines d'un végétal. Ce fait pourrait-il être controversé, quand on songe que c'est à l'aide du charbon en poudre que souvent les jardiniers conservent les bois dont ils enfoncent une partie en terre, après avoir pris le soin tout d'abord de couvrir la terre qui doit recevoir le pieu, d'une couche de charbon, lequel résiste des années entières sans éprouver la moindre altération.

L'usage de ce charbon impur ne saurait donc être adopté comme excipient des composts, que parce qu'il jouit de la propriété de conserver plus ou moins de temps les substances organiques animales azotées, en retardant de beaucoup le grand acte de la fermentation; d'autre part, parce qu'il contribue par là à faciliter l'élévation de température des graines qu'il entoure, élévation de température sans laquelle il ne pourrait y avoir de germination.

DU NOIR ANIMAL

RÉSIDU PUR DE RAFFINERIE. (*)

Le charbon animal, charbon d'os, noir animal, noir d'ivoire, noir d'os, est le résidu qu'on obtient de la calcination des os dont on a retiré tout d'abord le suif, à l'aide de l'eau ou de la chaleur, alors communément appelés os débouillis. Ce charbon est très-em-

---

(*) Lu à la séance mensuelle de la Société Académique de la Loire-Inférieure, le 7 juillet 1841.

ployé dans les arts, en raison de son pouvoir décolorant, qu'il doit à l'état de division dans lequel se trouve le carbone qu'il contient.

Le charbon animal retient, avec les sels calcaires contenus dans les os qui ont servi à sa formation, une certaine quantité d'azote, qu'il ne perd qu'à une haute température. De tous les industriels qui font usage du charbon animal, en raison de son pouvoir décolorant, le raffineur est celui qui en emploie le plus. Toutefois, le pouvoir décolorant du charbon animal varie en raison des préparations qu'on lui a fait subir.

Pour clarifier le sucre, les raffineurs emploient le charbon d'os, ou les os brûlés à vase clos, de préférence au charbon de bois, qui décolore dix fois moins.

Les charbons d'os les plus purs sont donc les meilleurs pour raffiner; mais quelque purs que les raffineurs demandent ces charbons au commerce, les fabricants de charbon les livrent rarement tels; cela se conçoit facilement, quand on songe que le charbon préparé pour l'usage des laboratoires se réduit environ au tiers de son poids; mais aussi, dans cet état, son pouvoir décolorant est presque double de celui qui n'a pas été préparé.

La proportion du noir animal nécessaire pour clarifier est de 10 p. 0/0.

Le rapport de la quantité de sang pour 100 kilogrammes de sucre est de 2/3 de litre de sang à 7 ou 8 degrés de l'aréomètre de Baumé, terme moyen du titre du bon sang, dont les rapports à l'aréomètre ont été appréciés ainsi ; savoir : 8 à 9 degrés, sang de bœuf et de vache ; 7 à 8 degrés, sang de mouton ; 5 à 6 degrés, sang de veau. 100 parties de sang desséché perdent 82,5 p. 0/0 d'humidité, il ne reste donc que 17,5. p. 0/0 de sang concret et à l'état pulvérulent.

La quantité d'eau à mettre dans la chaudière à clarifier est du tiers au quart du sucre à raffiner.

Les ouvriers chargés d'opérer le chargement des chaudières à clarifier y mettent successivement le sucre brut, les sirops et le noir animal ou charbon d'os, ainsi que la quantité de sang indiquée plus haut ; toutefois, après l'avoir étendu et battu dans l'eau à l'aide d'un petit balai, pour en diviser l'albumine ; puis on verse ensuite l'eau nécessaire pour remplir les chaudières, jusqu'à environ un pied au-dessous de leurs rebords, et l'on allume le feu. Dès ce moment, les matières placées dans la chaudière à clarifier et qui, avec le sucre, constituent ce qu'on appelle la clarification, doivent être remuées sans relâche avec un instrument en bois appelé mouveron, jusqu'à ce que le sucre soit fondu. Cette solution du sucre doit être obtenue sans qu'il soit besoin de porter le liquide de la chaudière jusqu'au degré de l'ébulition. La somme du sucre ou des sirops employés doit être telle que la densité du liquide ne

dépasse pas **27** à **28** degrés de l'aréomètre de Beaumé. Le temps ordinairement nécessaire pour obtenir la solution
parfaite du sucre est de vingt à vingt-cinq
minutes. Il est un fait bien important
à consigner ici, c'est que, pour opérer et
obtenir une bonne clarification, le liquide de la chaudière ne doit jamais être
chauffé de manière à obtenir le moindre
bouillon ; que, d'autre part, il est des
raffineurs qui ne jettent le noir animal
dans la chaudière qu'à l'époque où le
sucre est dissout et que la température
de la chaudière est arrivée de **27** à **28**
degrés. La température ayant atteint 70
R., le liquide est projeté sur les filtres
disposés pour le recevoir. Lorsque tout
le sirop est passé, les ouvriers, à l'aide

de pelles ou de pucheux enlèvent la
boue du noir animal déposée au fond
des filtres, pour, plus tard, le dégrais-
ser à l'eau chaude, dans une des chaudières à clarifier. Cette opération se
pratique en versant sur les boues de
noir animal placées dans la chaudière
assez d'eau pour les rendre liquides,
puis on fait jeter à ces noirs, ainsi éten-
dus d'eau, un fort bouillon; on filtre de
nouveau, et le noir se précipite encore sur le blanchet de toile, d'où on
l'extrait, ainsi lavé, pour ne plus le
faire servir à l'usage de la raffinerie.

Pour savoir d'une manière certaine
si le noir que l'on s'occupe de laver
contient encore une petite quantité de
sucre, on en prend dans la chaudière

avec un pucheux, on verse dessus de l'eau chaude, on la déguste, à l'effet de s'assurer si cette eau cède à la langue une saveur sucrée.

Le noir ainsi lavé, sans saveur, est retiré de dessus les filtres pour être mis à la presse, et ce n'est qu'après cette dernière opération que les raffineurs le livrent aux agriculteurs, sous la dénomination de résidu de raffinerie, ou mieux encore sous celle de noir animal, résidu pur de raffinerie, sans mélange.

Quel que soin qu'ait pris le raffineur pour débarrasser entièrement le noir animal qui a servi au raffinage de tout son principe sucré, ce noir conserve encore dans son homogénéité un principe mucoso-sucré, que le lavage en

grand peut difficilement lui enlever.
On concevra d'autant mieux la difficulté
de cette opération qu'on saura que le
charbon animal, ou noir animal, agit
sur la matière colorante du sucre sans
la décomposer ; qu'il neutralise la chaux
et les acides en les saturant, et que,
d'autre part, le noir, dans le raffinage,
s'empare de toutes les impuretés contenues dans le sucre, telles que matière
colorante, huile fixe et volatile, aroma-
tique, provenant de la canne, matière
gommeuse, parties ligneuses, silice,
sang coagulé, lequel réduit à l'état
concret peut à peine être estimé à 5
grammes par 10 kilogr. de noir animal.

Dans cet état, le noir est abandonné
à lui-même. Voyons maintenant les

phénomènes chimiques qui s'opèrent dans les molécules de celui-ci, avant qu'il soit livré à la consommation. Comme on a été à même de le remarquer, le noir, à la sortie du lavage, conserve encore les traces d'une saveur mucoso-sucrée; plus, dans son homogénéité, des parties ligneuses, lesquelles, par leur séjour dans la chaudière à clarifier, ont été traversées d'un liquide sucré bouillant, et de là, la conséquence que leurs ténuités moléculaires ont été distendues et placées de manière à pouvoir plus facilement éprouver l'influence d'un mouvement spontané appelé fermentation qui, d'alcoolique qu'il se trouve d'abord, passe à la fermentation acétique et putride. Les émanations alcooliques qui se dégagent sans cesse des noirs sortis depuis quelques jours des chaudières des raffineurs suffiraient pour constater ce premier fait, si la science ne l'avait déjà enregistré. La fermentation acide est suffisamment démontrée par le dégagement de l'acide acétique, si facile à reconnaître ; enfin, la troisième période, la fermentation putride, que l'on est à même de remarquer dans les noirs qui commencent à vieillir, et qui donnent naissance à une forte odeur d'ammoniaque, à des dégagements d'acide carbonique, d'hydrogène sulfuré et proto-carboné, lesquels, en s'exhalant, entraînent avec eux une certaine proportion de matière animale provenant du sang en décomposition. C'est même à ces émanations gazeuses si infectes, si insupportables, que l'on doit souvent de reconnaître au loin le siége d'un dépôt de noir animal, résidu de raffinerie.

C'est, en général, après avoir parcouru toutes ces phases, que le noir d'os, ou noir animal, résidu de raffinerie, est employé comme engrais. Vu dans cet emploi, on se demande à quel agent, à quelle cause on peut attribuer, dans sa constitution, une action si vivifiante pour l'agriculture? A cet égard, les opinions sont grandement partagées; les uns pensent que le noir doit une grande partie de ses propriétés, comme engrais, au sang, au sucre, au charbon d'os, à la chaux.

J'ai démontré à l'article engrais que

les substances organiques, végétales et animales, après avoir été humectées, aërées, s'échauffent, se colorent, se divisent, laissent exhaler des gaz, et fournissent un liquide noirâtre, tenant en suspension du carbone. J'ai aussi avancé, au commencement de cet exposé, que des gaz sont produits par le résultat de la fermentation qui s'opère dans un compost, lequel compost contient des substances animales et en entraîne une certaine partie en se volatilisant. A ce fait irrévocablement prouvé, il faut encore joindre ici la somme réelle du sang concret, qui, dans l'état, peut à peine être estimé à 1 centième pour 100 du charbon d'os ou du noir animal employé; alors, on pourra apprécier à sa juste valeur l'opinion peu vraisemblable qui porte à croire que c'est dans le sang que réside une des grandes propriétés du noir animal résidu pur de raffinerie.

Je crois avoir également démontré qu'une des premières qualités du raffineur consistait principalement dans le soin avec lequel il s'empressait d'épuiser totalement le noir animal dont il se sert pour clarifier de tous les principes sucrés qu'il pouvait avoir entraînés avec lui ; ce fait pourrait-il même être controversé, quand on saura que les raffineurs, il y a quelques années à peine, jetaient ce résidu si recherché aujourd'hui, aussitôt après l'avoir entièrement épuisé de tout son principe sucré.

Le carbone qui tapisse les parties salines, ou bien encore qui recouvre les phosphates et les carbonates de chaux, lesquels constituent en partie le poids du charbon d'os, ne peut être estimé qu'à 10 à 12 pour 100 en poids du charbon; si outre cette petite proportion pour cent de carbone, on considère que ce n'est qu'à la suite des temps que le carbone, quelque divisé qu'il soit, peut absorber l'oxigène de l'air pour passer à l'état d'acide carbonique, et de là être absorbé par les racines, par les feuilles d'un végétal, on verra qu'il faut encore chercher ailleurs que dans cette hypothèse la puissance du noir animal; que si, faute d'observations suffisantes, on voulait forcément, dans l'état, attribuer au carbone les propriétés du noir animal, dans ce cas, il faudrait l'admettre comme amendement ou comme propre à diviser les terres, ou bien encore comme jouissant à un haut titre de la propriété que possèdent tous les corps noirs d'absorber les rayons solaires et de fournir à la graine qu'il entoure ce principe de chaleur sans laquelle il ne pourrait y avoir de germination.

Il faut donc attribuer aux sels de chaux contenus dans le charbon d'os eette puissance d'action si matériellement démontrée.

D'autre part, ne serait-ce pas une erreur non moins grande d'admettre que le passage du charbon d'os dans la chaudière du raffineur suffirait pour lui faire acquérir des propriétés que rien ne viendrait justifier. Je suis conduit à combattre cette opinion, lorsque j'observe pas à pas les phases de la clarification pendant le travail; d'une part, le séjour du noir dans la chaudière du raffineur peut à peine être estimé à un laps de temps d'une heure de durée; d'autre part, l'élévation de température de la chaudière pendant l'espace de temps que le noir animal a été mis en contact avec la clairce ou la solution sucrée, ne s'est pas élevé à plus de 70 R.; dès lors, par ces faits-là seuls, il ne peut y avoir eu aucune réaction chimique matériellement démontrable, et de nature à reconstituer dans un

autre ordre le charbon animal, lequel
vient de permettre le dépouillement de
la clairce et l'agglomération des parties
hétérogènes de celles-ci.

Alléguerait-on même que la somme
des acides et des alcalis contenus dans
les sucres à clarifier aient pu être satu-
rés et absorbés au détriment de la constitution et des éléments des charbons
d'os, je répondrais encore que le charbon d'os joint à la propriété d'absorber les matières colorantes, celle d'enlever complétement l'excès d'acide des
sirops, tout en saturant également les
alcalis, et sans que, pour cela, il soit
encore matériellement impossible de
lui rendre ses propriétés décolorantes,
toutefois, après avoir enlevé, à l'aide

d'agents chimiques, les matières étrangères à sa constitution, dont il s'est emparé pendant le travail de la clarification, lesquelles parties étrangères, si elles n'étaient pas enlevées, couvriraient le noir qu'on voudrait revivifier d'une couche de charbon végétal, imperméable et vitreuse (*).

D'autre part, si on énumère les corps étrangers, tels que parties ligneuses, matières colorantes, sable, que le noir animal a enlevés au sucre qu'il était chargé de clarifier, parties hétérogènes à sa constitution qu'on saurait à peine es-

---

(*) Voir le mémoire de MM. Payen et de Bussy.

timer à plus de deux ou trois pour 100,
on sera dès lors encore une fois obligé
de convenir que ce n'est pas là qu'il
faut chercher le principe vivifiant des
résidus de noir animal sortant de la
raffinerie. Qu'est-ce, en effet, que cette
somme de parties organiques comparativement à celle des sels de chaux qui,
d'après analyse de charbon d'os, sont
estimées comme suit :

Phosphate de chaux. . . . 78   0
Carbonate de chaux. . . . 10   0
Charbon azoté. 10   0
Carbure ou siliciure de fer.   2   0
                            ———
                           100   0

Le charbon animal retient, avec les
sels calcaires contenus dans les os, une
certaine quantité d'azote. De là, disent

certaines personnes, si ce n'est pas au
sang, aux matières organiques traversées d'un principe sucré qu'il faut ac-
corder les propriétés végétatives du
charbon d'os, incontestablement, c'est
à l'azote. A ceux-là, je répondrai : les
plantes, en général, n'absorbent jamais
l'azote ; celui qu'on y remarque ne provient donc que des engrais absorbés
avec les autres produits gazeux à l'état
de dissolution, et alors déversés dans
l'économie végétale, et, selon moi, plu-
tôt propres à neutraliser la trop grande
puissance du gaz oxygène, qu'à se combiner dans un ordre quelconque avec
l'hydrogène, ou le carbone, à l'effet
d'augmenter les produits immédiats
du végétal. Cependant, il faut ad-

mettre que l'azote entre dans le végétal, qu'il s'y loge, sans oublier qu'il
ne peut jamais seul servir à entretenir
la vie des végétaux, et qu'il n'acquiert
même cette propriété de ne pas lui être
nuisible qu'autant qu'il s'y combine à
une certaine proportion d'oxigène ;
d'autre part, la somme des principes
azotés contenus dans le charbon d'os,
n'est point encore assez considérable
pour pouvoir facilement faire admettre
cette hypothèse, lors même que l'on
admettrait en principe que ce gaz pourrait être regardé comme un principe
vivifiant, ce que je suis bien loin de
reconnaître. Ainsi donc, je ne crains
pas de le dire hautement ici, *non*, ce
n'est pas le sang ; *non*, ce n'est pas le

principe sucré; *non*, ce n'est pas l'azote; *non*, ce n'est pas le carbone, quelque divisé qu'il soit, qui communique au charbon d'os, résidu de raffinerie, ses propriétés végétatives, si incontestablement reconnues, et dont tous les agriculteurs sont d'accord pour en publier les avantages; propriétés qui, indépendamment de toutes les fraudes suscitées par des hommes aussi peu soucieux de l'intérêt général, qu'avides d'argent, n'en ont pas moins été si hautement appréciées.

Il résulte de ce que nous venons de voir, que la somme des sels de chaux qui existe dans cent parties de noir animal propre à être employé à la raffinerie, est de 88 pour 0/0 tant en phos-

phate que carbonate de chaux ; je crois
avoir démontré que quelque soin qu'ait
pris le raffineur de débarrasser entièrement le noir qui a servi à la clarification
de tout son principe sucré, il reste toujours interposé entre chaque molécule
de celui-ci, après son passage dans la
chaudière à clarifier une certaine proportion de principe mucoso-sucré que
je regarde comme presque impossible
d'extraire, à moins qu'on n'y applique,
pour y parvenir, quelques procédés
chimiques comme ceux dont on se sert
pour utiliser le noir, sans avoir recours
à la carbonisation. Si l'on considère que
ce noir, ainsi traversé d'un principe sucré, quelque minime qu'il soit, contient encore dans son homogénéité des

parties de substances organiques végétales et animales, si l'on tient compte
également de la somme d'air introduite
dans la masse du noir animal résidu
de raffinerie, en raison des diverses
opérations qu'on lui a fait subir, quand
ce ne serait même que l'opération du dé-
sensachement et le transport de la presse
au lieu du dépôt, qui, nécessairement
en faisant comprendre le mouvement
qu'on a dû lui imprimer, explique aussi
la somme d'air qui a dû nécessairement
s'y accumuler, dès lors, quel est celui
qui oserait dire aujourd'hui, ces faits dé-
montrés, que le noir dans cet état man-
que d'une des circonstances nécessaires
au grand acte de la fermentation, laquelle,
une fois développée, a donné naissance

4

à des produits tout nouveaux et qui n'existaient pas dans la masse.

Les phosphates de chaux placés sous ces influences, et conséquemment se ressentant du milieu dans lequel ils se trouvent placés, d'insolubles qu'ils étaient deviennent solubles en passant alors de l'état de sel neutre à l'état acide; c'est dans cet état que les noirs résidus de raffinerie sont généralement livrés au commerce et aux agriculteurs.

Ce fait admis, il est facile de suivre la marche de cet engrais, et de se rendre compte de son influence dans le grand acte de la physiologie végétale, à part l'influence que peut avoir la teinte noire de cet agent en communiquant à la graine cette élévation de température que souvent elle réclame. L'action produite par les phosphates de chaux paraît être due à leur décomposition opérée sur le sol, de même que dans le tissu du végétal. Dans ce genre de décomposition analogue à celle qui a lieu dans l'oxidation des métaux, une partie des phosphates de chaux, décomposée par les sels ter-reux qui, s'emparant de l'acide phospho-rique, produit de la décomposition des phosphates de chaux, donne naissance à des phosphates de soude, de magnésie, etc.; d'autre part, une partie de la chaux mise à nu s'assimile l'acide carbonique de l'air pour donner naissance à des carbonates de chaux qui, dans cet état, de même que la chaux non carbonatée,

sont absorbés par les parties les plus
déliées des racines du végétal à l'état
de solution ou d'extrême division.
L'autre partie des phosphates de chaux
non décomposée est également absorbée à l'état d'extrême division, ou de
solution, pour donner naissance dans le
végétal aux divers phénomènes que j'ai
décrits plus haut. Cette théorie que
j'appuie sur des faits, pourrait-elle être
controversée, sous le rapport de l'absorption des phosphates, quand il est démontré aujourd'hui que l'acide phos-
phorique, la chaux, se trouvent souvent
l'un et l'autre dans les végétaux à l'état
de liberté.

Le noir animal résidu pur de raffinerie est d'une belle teinte noire ; sa

poudre est ordinairement assez fine, quoique cependant on ne puisse rien dire de très-fixe à cet égard, attendu que souvent les raffineurs qui préféreraient employer des noirs très-fins, en raison du pouvoir décolorant de ceux-ci, qui augmente d'autant qu'ils sont en poudre impalpable, se voient souvent obligés d'en atténuer la finesse, en le mélangeant ou en le faisant mélanger avec du noir plus ou moins gros ; les noirs trop fins forment sur les filtres une boue tellement épaisse et si compacte, que la clairce la traverse difficilement, et qu'alors il en résulte dans le travail du raffinage des retards qui peuvent aigrir ou graisser le sucre.

Le noir animal pur, à la sortie de la

raffinerie, après qu'il vient d'être lavé, entraîne toujours avec lui une odeur sui generis, qui n'a rien de désagréable. Cependant, quelquefois aussi, il dégage une odeur plus ou moins nauséabonde, en raison de ce que le sang qui a servi à la clarification est plus ou moins frais.

Sa pesanteur spécifique varie en raison de son état impalpable ou de la grosseur de son grain. Conséquemment, il est peut-être difficile d'indiquer cette circonstance comme une règle fixe et invariable; le poids d'un hectolitre varie de 80 à 90 le kilogramme.

Le noir ne doit jamais être trop humide, puisque, avant de le livrer au commerce, les raffineurs prennent le

soin de le soumettre à la presse ; le degré d'humidité qu'on y remarque souvent, y a donc été ajouté dans l'inten-
tion manifeste d'en augmenter le volume.

C'est ici le cas de déclarer qu'il m'a
été soumis souvent à l'analyse des noirs
qui apportaient de 40 à 50 pour 100
d'humidité, indépendamment encore de
la somme de leur altération, laquelle, en
dehors de l'humidité, s'élevait de 35 à
40 pour 100.

Beaucoup de personnes, en voyant
paraître ma statistique des engrais de
la Loire-Inférieure, pensaient que j'y
aurais annexé un procédé analytique
qui leur eût permis à l'instant même de
reconnaître la fraude qui existe dans

les noirs qu'ils désirent acheter ; je sais même. que divers procédés ont été, à différentes époques, préconisés ; mais, du moment qu'on a érigé ces diverses méthodes en règles fixes, certaines, invariables, on n'a pas tardé à s'apercevoir dans quelles funestes erreurs elles avaient jeté les agriculteurs.

Un exemple suffira. Il n'y a pas trop long-temps qu'un certain chimiste indiqua comme mode analytique invariable le procédé de l'incinération, fondé sur ce que le charbon d'os brûlé à l'air libre absorbait l'oxigène de l'air, et alors reprenait sa teinte blanche primitive ; puis, tenant compte des phosphastes mis à nu, il concluait alors de la teinte plus ou moins blanche et du poids des phosphates trouvés, que le mélange était ou n'était pas charbon d'os. Mais, ce dont il ne tenait pas compte, c'est que l'incinération de ces noirs altérés avec les tourbes de ce pays, qui, en général, contiennent des phosphates de chaux, mettait ces phosphates à nu et venait par là augmenter d'autant ceux que devait donner l'état primitif de la substance. Cependant, ce mode a été préconisé et est encore suivi par des marchands de noirs assurément étrangers à la science.

Le poids spécifique peut être un indice favorable pour l'homme qui fait suivre cette première observation du résultat analytique; mais, pour celui qui, sans autre preuve, voudrait en tirer des conséquences, je lui dirais encore : soit calcul, soit le résultat d'un hasard heureux, il est des noirs qui, quoique présentant un poids spécifique identique au meilleur noir de raffinerie, n'en présentent pas moins à l'analyse une somme d'altération tellement considérable, qu'il est impossible de leur assigner aucun classement.

D'autre part, quels que soient les moyens indiqués par les chimistes pour apprécier les altérations qui se remarquent dans les noirs, ces procédés une fois rendus publics ne pourront jamais être assez fixes pour ne pas fournir des anomalies ou des différences tellement grandes, que pour l'homme peu habitué au tâtonnement des réactifs, il y aura toujours incertitude dans les résultats des expérimentations, sans compter des erreurs plus graves qui ruineront la bourse de ce chimiste improvisé, de même que la récolte de l'agriculteur trop crédule. Les procédés une fois connus, les chimistes ne seront-ils pas aussi consultés à l'effet d'indiquer des modes de mixtion qui embarrasseront toujours l'homme peu habile?

La mesure proposée par MM. les membres du Conseil-Général et mise en pratique par M. le Préfet, qui, ces jours-ci encore, par un arrêté aussi sage qu'habilement présenté, vient de réglementer la question, n'appelle à cette inspection qu'un homme spécial; cette mesure est, selon moi, la seule vraie, la seule rationnelle ; il faut donc tâcher que ce contrôle ne soit point illusoire, et que cet employé soit placé dans un état d'indépendance telle, que sa place soit au-dessus de tout soupçon de sujétion, en un mot, qu'il ne dépende que de l'autorité et de sa conscience.

L'inspection doit donc s'étendre sur les engrais du pays comme sur ceux de provenance étrangère. Indépendamment du bon vouloir du vendeur et des acheteurs, ne pourrait-on pas désirer qu'aussitôt l'arrivée d'un navire chargé de noir dans le port de Nantes, soit de provenance française ou étrangère, le titre de sa constitution appréciée, fût rendu public dans les journaux de la localité ? On pourrait aussi exiger que toute personne qui voudrait jouir du bénéfice de l'analyse fût tout d'abord tenue de faire au bureau du contrôle une déclaration sincère et véritable sur la nature, la provenance, le cours de la marchandise ; ces déclations serviraient plus tard de base au mouvement des divers engrais étudiés en dehors du poids de douane, et seulement au point de vue de leur influence sur la végétation, de même qu'en raison des diverses cultures auxquelles la pratique en consacre l'usage.

TOURBE.

Au nombre des substances à l'aide desquelles les compositeurs d'engrais altèrent les noirs, il en est une qui doit fixer plus particulièrement l'attention de l'autorité ; je veux parler de la Tourbe.

Les végétaux, enfouis dans la terre, recouverts plus ou moins long-temps d'une masse d'eau, perdant par là le contact de l'air, n'éprouvant plus également une certaine élévation de température, indispensable à des mouvements spontanés, traversés par des solutions chargées plus ou moins de principes salins, d'acides, d'oxides métalliques et de matière animale, acquièrent des propriétés toutes nouvelles qui modifient tellement leur constitution primitive, qu'il est impossible de ne pas leur reconnaître, dans ces circonstances, un état d'être entièrement différent de celui qu'ils avaient tout d'abord. C'est un phénomène qu'on peut étudier dans ces prairies basses qui, enfouies par intervalle au-dessous des eaux, produisent continuellement une proportion assez considérable de plantes, qui croissent sans cesse, qui annuellement se reproduisent et s'altèrent ; qui, contenant à une profondeur assez considérable des détritus de végétaux et d'animaux, en partie décomposés, d'une couleur noire, et d'une odeur nauséabonde, révèlent les suites d'une fermentation végétale putride assez avancée, et forment les matières que l'on appelle tourbe. Les lieux d'où ces matières sont extraites s'appellent tourbières.

L'observateur peut, en séparant certaines couches tourbeuses, reconnaître en partie les plantes qui ont servi à la fermentation végétale putride, quoiqu'elles soient cependant fortement altérées dans leur nature intime et dans leur constitution première.

C'est en général dans cet état que les marchands de noir se procurent la tourbe des tourbières de Montoir, et là commence pour eux une manipulation qui, tendant à distendre les parties de la tourbe, lui permet encore après un certain laps de temps de se reconstituer dans un autre ordre.

Je vais exposer ici un des genres de manipulations que les compositeurs d'engrais font subir à ce terreau naturel. La tourbe, arrivée à Nantes, y est placée en masse dans les divers chantiers où elle va plus tard commencer à recevoir ses divers apprêts. Il est important de remarquer ici, en passant, que, par suite du premier mouvement qui lui a été imprimée, à son extraction

de la tourbière, sans la diviser beaucoup encore, et par suite de son dé-
chargement et rechargement, de son
transport au lieu de dépôt, une partie
de la surface de chacune de ses couches terreuses s'est trouvée exposée au
contact de l'influence atmosphérique
et s'est imprégnée de ses fluides gazeux.
Cette aérification, conséquence natu-
relle du mouvement imprimé à la masse,
contribue à développer la fermentation
par l'introduction de l'oxigène, lequel facilite la décomposition des parties de la
tourbe dans la constitution desquelles
il joue un rôle important, et permet
alors de concevoir la disgrégation des
parties de celle-ci en la plaçant toute
à la fois dans une des meilleures condi-

tions possibles, pour les diverses opérations qu'on va lui faire subir. Cette
condition avantageuse s'accroît encore
de son agglomération en masse. C'est
dans cet état que les compositeurs d'engrais la prennent en certaine quantité,
l'exposent au contact des rayons solaires, l'écrasent, la divisent à l'aide de
pelle, puis en partie divisée, en partie
privée d'humidité, des femmes s'occupent, à l'aide de cribles en fer à mailles
plus ou moins serrées, de la réduire en
poudre plus ou moins fine. Les parties
qui restent sur le crible sont, chez
quelques fabricants, remises en tas et
abandonnées à elles-mêmes un temps
plus ou moins long; chez d'autres,
vendues telles quelles à un prix très-

minime aux fabriques de tourbes car-
bonisées, établies à quelques kilomètres
de Nantes.

La tourbe, ainsi criblée et réduite
à une poudre plus ou moins fine,
est mélangée avec une certaine proportion de matière fécale ou de produits animaux, tels que sang, gélatine,
bouillons animaux, et abandonnée à
elle-même, sous un hangar, à l'influence d'une fermentation putride, qui,
s'opérant dans toute la masse, donne
lieu à une élévation de température telle
que toutes les parties de ce compost
sont distendues. Alors, toutes les conditions d'une fermentation putride étant
réunies, la décomposition s'opère dans
la masse, d'abord, par un changement de
couleur; puis les parties des végétaux se

ramollissent, se séparent, se distendent;
les parties liquides se boursouflent , se
couvrent d'écume ; les fluides gazeux
qui se forment distendent la masse, la
traversent et, placés en outre sous l'influence d'une élévation de température ,
conséquence de la fermentation, se vo-
latilisent: une odeur de moisi , de fade
se fait sentir ; puis, les gaz qui se dégagent , d'abord peu odorants, deviennent
fétides , emportant avec eux une partie
de la matière animale non décomposée,
et cependant volatilisée et entraînée par
les torrents gazeux , et dégageant une
odeur ammoniacale très-prononcée. Une
partie de l'odeur si désagréable qu'on
éprouve près de ces foyers de putré-
faction, est due à l'influence et à la
réaction entre eux des divers produits

gazeux, conséquence innée des diverses réactions qui s'opèrent dans la masse soumise à la fermentation; ainsi, au gaz acide carbonique, à l'hydrogène carboné et sulfuré, à une proportion très-élevée de gaz azote.

Ce phénomène de la fermentation s'affaiblit peu à peu, après cependant avoir duré plus ou moins de temps, en raison de la somme de la matière soumise à l'influence fermentescible. Ce compost a sensiblement diminué; il ne reste plus en partie que les matériaux les plus fixes, comme les parties terreuses, les acides, les oxides, quelques sels et les débris végétaux non entièrement décomposés, qui se trouvent encore assez généralement dans la masse.

Par suite de l'élévation de température, que j'ai signalée plus haut, une partie de l'eau qui se trouvait dans ce compost, soit par addition, soit comme partie intégrante de chacune des parties moléculaires de la masse, se trouve décomposée, par suite également de l'attraction qu'exercent les uns sur les autres les éléments de chacune des parties de tout. Une partie donc de l'eau s'exhale en vapeur, l'autre partie, décomposée, fournit d'une part l'oxigène nécessaire pour s'unir à une portion de carbone mis à nu, et former par là l'acide carbonique, d'autre part, l'hydrogène de l'eau décomposée se divise en deux parties : une portion s'unissant au carbone et au soufre qui se trouvent dans ces

substances organiques végétales et animales, forme les gaz hydrogène sulfuré
et proto-carboné; l'autre partie de l'hydrogène de l'eau s'unit encore à l'azote
provenant des éléments des substances
végétales et animales, et forme l'ammoniaque que je viens de signaler déjà.
Cependant, on remarque encore une
proportion assez forte d'hydrogène,
qui reste à l'état de suspension dans l'extrait du produit fermentescible putride
qu'il colore, de même qu'une proportion assez considérable de carbone non
acidifié par l'oxigène.

Si la science admet aujourd'hui que,
par suite de la fermentation, tous ces
phénomènes se sont successivement
opérés dans ce compost susceptible de

fermentation putride, cela n'a pu avoir lieu qu'au détriment de la masse soumise à cette réaction moléculaire ; dès lors, cette masse s'est reconstituée dans un autre ordre, de manière à retrouver dans ses éléments des effets et des modifications nouvelles propres à leur imprimer une tournure, une couleur, un coup d'œil entièrement différent de celui qu'avait la masse avant d'avoir été soumise à l'influence de la fermentation et de ses conséquences.

Dans cet état, personne ne peut contester que la tourbe désagrégée, reconstituée pour ainsi dire dans un autre ordre, ne puisse être identique au terreau ; si ce fait devait souffrir quelques controverses, la simple étude des éléments primitifs de la tourbe et des terreaux comparés entre eux, suffirait pour en démontrer l'évidence; en effet, que donne la tourbe à la distillation? de l'eau jaunâtre, de l'huile fétide, du carbonate d'ammonique, du gaz hydrogène carboné; elle donne un charbon qui, après l'incinération, offre à l'analyse des muriates, des sulfates de soude, de potasse, des phosphates de chaux, des sulfates calcaires, des oxides de fer et de manganèse. Maintenant, que donne pour résultat à l'analyse le terreau ou le résultat de la décomposition lente et putride des tiges herbacées? il donne une eau colorée, odorante, une matière huileuse; parmi les matériaux fixes du carbone divisé, des carbonates et des phosphates de chaux, de la silice, de l'alumine, de la magnésie, du fer, du manganèse, des muriates et des sulfates de potasse. S'il en est ainsi, pourquoi rejeterait-on comme impropre à l'agriculture un terreau que la nature elle - même prend soin de nous fournir. L'administrateur qui préside aujourd'hui aux nouvelles destinées de l'agriculture dans notre département, plus à même que personne d'apprécier l'état de la question, en raison des connaissances chimiques dont il a déjà donné tant de preuves, sentira, je n'en doute pas, de quelle importance peut être, pour notre département, la fabrication d'un engrais qui balancerait certains noirs

étrangers et diminuerait le tribut que
notre agriculture paie au dehors. Le
moyen, selon moi, d'arriver à résou-
dre cette haute question, c'est de laisser libre le commerce des engrais,
toutefois, en forçant les compositeurs
à ne les vendre que sous la dénomination qui leur est propre et sous le
titre réel que leur assigne leur qualité.
Mais, revenons à l'analyse de la tourbe;
si l'on réfléchit que la nature ne pro-
cède pas autrement que par des dé-
compositions successives pour se procurer en masse les éléments propres
à la vitalité et à l'accroissement d'un
végétal qui, lui-même à son tour de-
viendra, par sa décomposition même,
l'élément propre d'une autre vitalité,

pourrait-on ne pas faire cette observation, qu'en imitant cette série de faits, on obtiendra un résultat identique ?

Le pourrait-on, quand tout le monde reconnaît aujourd'hui la tourbe comme le résultat de la décomposition putride des plantes herbacées, réduite par la nature même à l'état de terreau naturel. Cependant, on doit la regarder comme moins propre qu'un autre terreau, celui des forêts par exemple, à produire spontanément les effets qu'on doit en attendre ; car il faut tout d'abord qu'on l'améliore par des manipulations factices ; c'est à cette condition seulement qu'elle peut atteindre le but qu'on se propose.

La tourbe abandonnée à elle-même,

après avoir subi les manipulations dont
je viens de parler, réduite par suite
de la fermentation qui s'est opérée dans
la masse au point où les compositeurs
désirent la rendre, a incontestablement
acquis une plus grande division moléculaire, une teinte beaucoup plus fon-
cée et une facilité de décomposition
sensible ; c'est alors que, réduite dans
cet état, elle est mélangée dans le
rapport de 2 hectolitres à 3 hectolitres
de tourbe jaillie ou animalisée, puis
fermentée, contre un hectolitre de noir
de Marseille ou d'autres noirs, tels que
Hambourg ou Londres. Ce mélange de
noir de raffinerie a pour but de communiquer à celle-ci l'odeur qu'apporte
généralement ces noirs ; mais lorsqu'il

n'y a pas de justes proportions, c'est un moyen de surprendre l'agriculteur peu exercé. La présence du noir de raffinerie dans ces composts sert encore à maintenir cette chaleur au milieu de la masse, sans laquelle, pour beaucoup d'acheteurs, il ne peut y avoir de qualité.

Cependant, avec les modifications que vient de subir cette tourbe, qui oserait contester qu'ainsi préparée, elle puisse être sans propriété ou bien encore la confondre avec la tourbe carbonisée dont beaucoup de compositeurs se servent comme absorbant ? De quelle importance ne pourrait pas être, pour l'agriculture, un excipient de cette nature, qui, uni avec des ex-

créments liquides de l'homme, per-
mettraient d'en rendre l'usage beaucoup plus facile. Cette importance, du
reste, ne pourrait être appréciée à
sa juste valeur qu'autant qu'on établît
l'échelle de rapport des excréments
liquides de l'homme comparativement
aux autres fumiers dont les rapports
mathématiques ont été si savamment
calculés par un célèbre chimiste an-
glais dont voici l'analyse :

100 parties d'urine humaine

Égalent 1300 parties de fumier de
 cheval ;

Égalent 600 parties de fumier de vache;

Égalent 450 parties d'urine de cheval.

S'il en est ainsi, quel service l'administration municipale ne rendrait-elle

pas à l'agriculture de notre département en établissant, dans notre grande
cité, divers réservoirs destinés à conte-
nir non-seulement les produits de toutes
les sécrétions fécales et liquides de
l'homme, mais encore tous les résidus
des liquides provenant des usages do-
mestiques qui, chaque jour, échappent
au service déjà si actif du répurgateur
de la ville, produits qui, mis en ferme,
seraient, pour Nantes, d'un revenu
considérable; et, pour l'agriculture,
une source de fortune inappréciable.
C'est le cas de rappeler ici le projet des
fosses inodores.

L'agriculture devra retirer un grand
avantage de l'emploi d'un agent, à l'aide

duquel il sera facile d'utiliser désormais un produit liquide à l'état pulvérulent, sans lui rien faire perdre par une transformation de sa nature première, parce qu'on n'usera pas, pour atteindre ce but, de substances, qui, dans leur emploi, présentent des inconvénients plus grands que les avantages que l'on cherche à atteindre, comme le prouve l'exemple que je vais citer, à l'appui de cette dernière assertion. Messieurs les compositeurs de poudrette, pour arriver promptement à assécher les matières fécales déposées dans leurs fosses, appelées dans cet état matières vertes, y projettent souvent du tan ou de la chaux vive; cette immersion de la chaux dans la matière fécale, y dé-

veloppe une telle élévation de température, que le but que l'on cherche à
atteindre est manqué, puisqu'il s'agit
de conserver les produits animaux sous
une forme pulvérulente, et que l'on
se trouve dans l'impossibilité physique
de le faire; car, par l'effet de l'immersion de la chaux et de la chaleur
qu'elle a développée dans la masse,
les éléments reconstitués dans un autre
ordre se sont volatilisés.

Je viens de signaler plus haut que
le produit des substances organiques
végétales et animales, par suite de la
fermentation qui s'opérait dans la
masse, donnait naissance à un degré
de chaleur tel que cette élévation de
température suffisait pour reconstituer

dans un autre ordre les éléments propres de chacune des parties qui com-
posaient le tout : d'abord, élévation de
température ; puis dégagement d'eau
en vapeur, et décomposition d'une
partie de cette même eau ; de là,
émanation d'oxigène, d'hydrogène et
d'autres produits gazeux provenant
des parties organiques en décomposition. C'est alors que l'hydrogène, à
l'état de liberté, s'unit en partie au
gaz azote libre, et forme de l'ammoniaque ; qu'une autre partie de l'hydrogène à l'état de liberté s'unit au carbone et au soufre pour donner naissance à de l'hydrogène sulfuré et carboné ; que, d'autre part, l'oxigène
libre s'unit également à une partie du

carbone mis à nu dans la masse pour former de l'acide carbonique, lequel en partie se volatilise, et en partie reste à l'état de solution dans l'extrait du terreau, où, s'unissant alors à l'ammoniaque répandu dans cet excipient, y forme, au sein de ces substances animales et végétales en pleine décomposition, des sels ammoniacaux, sels, excessivement volatils; de là, la conséquence que l'addition de la chaux, dans des sécrétions animales, à l'effet de les dessécher, est, selon moi, le moyen le plus propre pour en désagréger les parties; car il arrive delà, qu'il reste pour résidu, dans de pareils comspots, seulement les sels terreux et les extraits proprement dits; plus, la chaux privée en presque totalité des sécrétions animales que les fabricants de poudrette cherchaient à conserver.

POLICE DES ENGRAIS (*).

*Circulaire du 19 mai 1841, adressée par
M. le Préfet de la Loire-Inférieure à
MM. les Maires du département.*

MESSIEURS,

Je viens de prendre un arrêté concernant
le commerce des engrais. Il est transcrit à

(*) J'ai cru devoir ajouter à ce Manuel l'arrêté
de M. le Préfet de la Loire-Inférieure, et deux cir-

la suite de cette circulaire, et vous le rece-
vrez en même temps en placards.

J'ai cherché à conserver à ce commerce
la liberté la plus entière dans le choix des
substances proposées pour fertiliser la terre
et à mettre en même temps les acheteurs à
l'abri des fraudes dont ils ont à se plaindre
aujourd'hui. Il dépendra toujours d'eux, non
pas de savoir si une matière qu'ils n'ont pas
essayée ou vu essayer, convient à la nature
de leur terrain, mais au moins de s'assurer
que le vendeur ne les trompe jamais sur le
nom de la substance vendue ; de telle
sorte qu'un agriculteur, satisfait de l'espèce
d'engrais qu'il a acheté sous un certain nom,
soit toujours sûr d'obtenir le même engrais,
en le demandant sous le même nom.

---

culaires à MM. les Maires, sur la *Police des Engrais dans le département de la Loire-Inférieure.*

Les articles 1, 2, 3, 4, 5 et 6 obligent tout marchand d'engrais à faire connaître, sans qu'une erreur, sans qu'une équivoque soit possible, le nom de l'engrais ou des engrais qu'il vend. Je vous invite à ne pas autoriser les noms qui vous sembleraient offrir des chances de fraude, par leur ressemblance avec les noms d'engrais déjà connus, et différents de ceux que le marchand veut introduire dans le commerce.

Les articles 7, 8, 9, 10 et 11 indiquent par quels moyens on constatera régulièrement, avant la mise en vente, et de manière à pouvoir y recourir en cas de contestation, la nature de l'engrais auquel un nom est assigné. Les analyses expliqueront, non-seulement la composition chimique de la substance envoyée, mais encore toutes les propriétés que l'examen pourra faire découvrir, en ce qui concerne l'homogénéité, la couleur, l'état de division, le poids sous un volume donné, l'odeur, etc. ; le chimiste-vérificateur conservera dans un bocal une portion de l'engrais envoyé comme type.

Le point de départ bien déterminé, il convenait d'empêcher les altérations frauduleuses : les articles 12, 13 et 14 y pourvoient. Ils permettent à l'administration d'exercer une surveillance continue sur le commerce des engrais, et de réprimer toute tentative qui serait faite pour vendre, sous un nom autorisé, un engrais d'une qualité inférieure : les analyses des échantillons envoyés par MM. les Maires dans les circonstances voulues par l'arrêté seront faites aux frais du département.

Pour compléter les garanties données contre la fraude, les articles 15, 16 et 17 tracent à l'acheteur la marche qu'il doit suivre, afin d'éclairer ses transactions ; comme il pourrait naître des abus de la faculté de demander des analyses, l'acheteur sera tenu de payer les frais de l'opération qu'il aura exigée, par suite d'un injuste soupçon. Si la fraude est reconnue, les dépenses faites pour l'analyse feront partie des frais à réclamer au fraudeur. La publicité donnée aux résultats des expériences et aux jugements intervenus sera un encouragement pour les négociants honnêtes et une juste flétrissure appliquée aux individus sans probité.

L'article 19 indique comment seront dirigées les poursuites contre tout marchand qui ne remplirait pas lês formalités imposées par les articles 1, 2, 3, 4, 5 et 6, qui tromperait les acheteurs sur la qualité de sa marchandise.

L'article 20 concerne la publicité à donner à l'arrêté, pour que tous les acheteurs connaissent les garanties données contre la fraude, et dispose qu'un placard sera constamment affiché dans les lieux de vente.

Je vous invite, Messieurs, à vous occuper

immédiatement de l'exécution de cet arrêté,
qui sera certainement efficace, si vous exer-
cez une scrupuleuse surveillance sur les marchands d'engrais.

Vous voudrez bien m'adresser, quinze
jours après l'apposition des placards et les
publications faites, la liste des marchands qui
auront fait la déclaration mentionnée à l'article 5, et vous y joindrez une note de ceux
qui n'auront pas accompli cette formalité ;
il leur sera fait application de l'article 16. S'il
n'existe pas de marchands d'engrais dans la
commune, vous devrez m'envoyer un état
négatif.

Successivement ensuite, Messieurs, vous
m'adresserez les échantillons que vous aurez
pris, en conformité de l'article 6. Il est à désirer que vous enfermiez ces échantillons (1)

---

(1) Du poids de 200 à 250 grammes, représentant
un volume de 1/5 de litre environ.

dans des fioles cachetées, toutes les fois que vous aurez une voie sûre de communication. La substance envoyée ainsi sera moins sujette à s'altérer ou à se perdre en partie dans le trajet. Pour que la faible quantité recueillie représente le mieux possible la qualité moyenne de l'engrais, je vous prie de faire creuser le tas à une assez grande profondeur, et de faire mêler à la pelle, aussi bien que possible, le volume total de matière que l'on aura retiré en creusant le trou; c'est sur le résultat de ce mélange que l'échantillon devra être prélevé; la qualité moyenne de l'engrais sera d'autant mieux représentée que l'on aura mis plus de soin à mêler les différentes couches situées à la surface et à diverses profondeurs.

Si vous ne pouvez envoyer l'échantillon dans une fiole, il sera nécessaire que vous le fassiez sécher suffisamment pour qu'il ne puisse donner aucune humidité au papier

qui le renfermera. Cette dessication s'opère-
ra, autant que possible et si le marchand y
consent, en sa présence et avant la clôture
de l'enveloppe; si le marchand refuse de se
prêter à cette précaution, vous fermerez et
cachetterez le paquet, comme l'arrêté le pres-
crit, et vous le ferez sécher, tout fermé, à
une douce chaleur, avant de me l'adresser.

Dans les cas ordinaires, lorsqu'une personne sûre, venant directement à Nantes,
ne pourra pas se charger de me remettre,
en votre nom, les échantillons d'engrais,
vous devrez, Messieurs, les faire parvenir,
par la voie qui sera la plus facile, au Maire
du chef-lieu de canton, ou au Maire de la
localité la plus voisine en communication directe, soit avec Nantes, soit avec le chef-lieu
de l'arrondissement. Ce fonctionnaire en dé-
livrera récépissé, et m'expédiera, sans délai, les échantillons par la première voiture
de passage.

Les frais de transport seront acquittés à Nantes, à la Préfecture, d'après les mémoires que vous certifierez. Un avis de chaque envoi devra d'ailleurs m'être adressé par la poste, par le Maire expéditeur, le jour même où il se dessaisira des échantillons.

Recevez, Messieurs, etc.

Le Préfet de la Loire-Inférieure,

A. CHAPER.

ARRÊTÉ DU 19 MAI 1841.

Nous, Préfet de la Loire-Inférieure,

Vu les lois du 22 décembre 1789 et du 28 pluviôse an VIII, qui chargent les Préfets de l'administration générale des départements;

Vu la loi du 18 juillet 1837, art. 10, qui charge les maires « de la police municipale » et de l'exécution des actes de l'autorité su- » périeure qui y sont relatifs ; »

Vu les lois du 14 décembre 1789, art. 50, et des 16-24 août 1790, section 11 , qui défi- nissent la police municipale et classent parmi ses attributions « l'inspection sur la fidélité » du débit des denrées qui se vendent au » poids , à l'aune ou à la mesure ; »

Vu les arrêts de cassation des 20 septembre et 31 octobre 1822, qui constatent le droit attribué aux Préfets « de faire directement » des règlements sur les objets de police » municipale, lorsqu'il s'agit des mesures gé- » nérales d'un égal intérêt pour toutes les » communes du département; »

Vu l'article 423 du Code pénal, qui punit d'un emprisonnement de trois mois à un an, d'une amende de 50 francs au moins, et de la confiscation des objets du délit, quiconque aura trompé l'acheteur sur la nature d'une marchandise quelconque ;

Vu la délibération du Conseil-Général de la Loire-Inférieure du 26 août 1840, qui invite instamment l'administration départementale à prendre toutes les mesures nécessaires, pour la répression de la fraude à laquelle se livrent un grand nombre de marchands d'engrais ;

Considérant que le commerce des engrais a pris une importance immense dans le département de la Loire-Inférieure, et que ce développement a donné lieu à des spéculations frauduleuses funestes à l'agriculture ;

Considérant que les moyens de fraude les plus usités sont : 1.º L'altération des substances connues dans le commerce comme susceptibles de servir d'engrais ;

2.º L'application des noms d'engrais connus à des substances d'un aspect semblable, mais de natures différentes ;

3.º Cette même application mensongère de noms, avec une très-légère modification, qui puisse n'être pas aperçue par l'acheteur, et que le fraudeur puisse cependant faire valoir, en cas de poursuite pour contrefaçon ou falsification ;

Considérant qu'il est impossible de fixer d'une manière absolue quelles sont les matières qui doivent être classées comme engrais :

Considérant qu'en prenant des mesures pour la répression de la fraude, il importe de respecter la liberté du commerce et de réserver aux agriculteurs le droit illimité d'essayer toutes les substances qu'ils jugeront propres à fortifier le sol ;

AVONS ARRÊTÉ ET ARRÊTONS :

ARTICLE PREMIER.

Tout commerçant vendant des matières

quelconques non liquides, désignées comme propres à fertiliser la terre, devra inscrire, sur un écriteau placé à la porte de chacun de ses magasins, le nom de l'engrais qu'il débite.

ART. 2.

Si plusieurs espèces d'engrais sont contenues dans un même magasin, chacune d'elles devra être enfermée dans une case distincte entièrement séparée des autres, et portant sur un écriteau le nom particulier de l'espèce d'engrais.

ART. 3.

Si l'engrais mis en vente n'est pas un de ceux qui sont déjà connus dans le commerce, sous des noms spéciaux, le débitant pourra donner à sa marchandise tel nom qu'il voudra, excepté les noms déjà adoptés par le commerce ; toutefois, ce nom devra être approuvé par l'autorité municipale. Il sera refusé, s'il prête à erreur ou à équivoque.

Art. 4.

Le nom de l'engrais sera écrit sur les enseignes et écriteaux intérieurs sans abréviations, en lettres d'une grandeur uniforme, et de vingt centimètres au moins de hauteur, de manière à être lu facilement et à ne pouvoir être confondu avec aucun autre.

Art. 5.

Dans la quinzaine qui suivra la promulgation du présent arrêté, tous les marchands d'engrais devront faire, à la Mairie du lieu où sont établis leurs dépôts, la déclaration du nom de leur engrais, et devront établir les enseignes disposées comme il est dit ci-dessus.

Art. 6.

Aucun marchand d'engrais ne pourra commencer, à l'avenir, ce commerce, avant l'accomplissement de ces deux formalités.

ART. 7.

Aussitôt que le Maire aura reçu la déclaration du débitant, il se transportera au dépôt d'engrais, ou enverra un délégué, à l'effet de prendre, sur les tas des diverses qualités qu'aura déclarées le débitant, un échantillon de chaque qualité. Cet échantillon, du poids de 200 à 250 grammes, sera enfermé dans un papier ou dans une fiole que le débitant cachettera lui-même, après avoir inscrit sur une étiquette intérieure, signée de lui, le nom donné à l'engrais. Le paquet sera, au besoin, renfermé dans un sac de toile, pour pouvoir être expédié à Nantes, sans danger de rupture.

ART. 8.

Le chimiste chargé de l'analyse des engrais

préviendra, 10 jours au moins à l'avance, le marchand d'engrais, du lieu, du jour et de l'heure où sera faite l'analyse de ses échantillons. Cet avis sera transmis par l'intermédiaire du Maire, qui en demandera récépissé au marchand, et nous l'adressera immédiatement. Le délai de 10 jours pourra être abrégé, sur la demande écrite du marchand.

Art. 9.

Au jour et à l'heure fixés, le chimiste désigné ci-dessus rompra le cachet du vase ou du papier qui renferme l'échantillon, en présence du marchand, s'il s'est rendu à l'invitation reçue, ou en son absence, s'il n'a pas jugé devoir se présenter; l'analyse de l'échantillon sera faite immédiatement, et le résultat en sera consigné sur un registre coté et paraphé par nous.

Art. 10.

Le résultat de l'analyse sera transmis au

Maire qui aura enyové l'échantillon, et restera déposé au secrétariat de la Mairie, où il sera communiqué à tous ceux qui désireront en prendre connaissance. Le Maire en délirevra copie certifiée au marchand.

Art. 11.

Si l'échantillon analysé a été désigné par le marchand sous un nom d'engrais déjà connu, et si l'analyse justifie cette dénomination, le marchand sera autorisé à conserver la désignation adoptée.

Si l'analyse n'est pas d'accord avec cette désignation, le marchand sera tenu de changer le nom qu'il avait donné; en cas de refus, procès-verbal en sera dressé et nous sera envoyé.

Art. 12.

MM. les Maires sont invités à visiter ou à faire visiter fréquemment les dépôts des

marchands d'engrais, pour s'assurer que toutes
les dispositions ci-dessus sont exactement
observées.

ART. 13.

Si, dans une de ses visites, un inspec-
teur d'agriculture, un Maire ou son délégué
croit reconnaître quelque altération dans la
qualité des engrais dont les échantillons ont
été fournis et analysés, il devra en prélever
immédiatement un nouvel échantillon en présence du marchand ou de ses représentants,
et les requérir de cacheter et de signer le
papier dans lequel l'échantillon sera enfermé,
et sur lequel le nom de l'engrais sera inscrit
tel que le porte l'écriteau fixé au-dessus du
tas. En cas de refus, le fonctionnaire re-
quérant, cachettera et signera lui-même l'enveloppe de l'échantillon ; il dressera procès-
verbal de son opération et du refus qu'il aura

éprouvé. Le tout nous sera envoyé, et il sera procédé, comme il est dit aux articles 8, 9 et 10 ci-dessus, à l'ouverture du paquet et à l'analyse de la substance contenue.

ART. 14.

Si le résultat de l'analyse constate une altération notable sur la qualité de l'engrais, comparativement avec la qualité essayée lors de la déclaration du marchand, toutes les pièces seront transmises à M. le Procureur du Roi pour obtenir la punition de la fraude.

ART. 15.

Tout acheteur qui soupçonnera quelque falsification dans la nature de l'engrais mis en vente, aura droit de requérir le marchand de prélever sur la quantité vendue un paquet de 200 grammes environ cacheté et signé par le marchand ou ses représentants, et portant le nom inscrit au-dessus du tas. Ce paquet sera déposé à la Mairie pour nous être transmis; il sera procédé comme il vient d'être dit pour l'examen de la substance suspecte, et pour la répression de la fraude, s'il y a lieu.

Art. 16.

Si le marchand refuse de signer et de cacheter le paquet contenant l'échantillon, l'acheteur pourra requérir le Maire, qui procèdera comme il est dit à l'article 7.

Art. 17.

L'acheteur qui aura provoqué l'examen chimique, prendra par écrit l'engagement de payer, s'il y a lieu, les frais de l'analyse, sauf recours contre qui de droit; cet engagement sera joint au paquet cacheté.

Art. 18.

La plus grande publicité possible sera donnée aux résultats de ces épreuves et aux jugements des tribunaux qui pourront intervenir.

Art. 19.

Quiconque vendra des engrais sans avoir rempli les conditions prescrites par les six premiers articles du présent arrêté, sera poursuivi en simple police, en vertu de l'art. 471, n.º 15 du Code Pénal, et de plus traduit en police correctionnelle, s'il a trompé les acheteurs en attribuant faussement à sa marchandise le nom d'un engrais connu dans le commerce.

Art. 20.

Le présent arrêté sera publié et affiché

dans toutes les communes. Un exemplaire en placard devra toujours être affiché dans chaque magasin d'engrais.

Nantes, le 19 mai 1841.

Le Préfet de la Loire-Inférieure,

A. CHAPER.

Circulaire du 24 juillet 1841, adressée par M. le Préfet de la Loire-Inférieure à MM. les Maires du département.

Messieurs,

L'article 3 de mon arrêté du 19 mai, concernant la police des engrais, dispose que, si l'engrais mis en vente n'est pas un de ceux qui sont déjà connus dans le commerce, sous des noms spéciaux, le débitant pourra donner à sa marchandise tel nom qu'il voudra, excepté les noms déjà adoptés dans le commerce, que, toutefois, ce nom devra être approuvé par l'autorité municipale; qu'enfin, il sera refusé, s'il prête *à erreur ou à équivoque.*

J'ai reçu d'un certain nombre d'entre vous les états des déclarations faites à leur Mairie, conformément à l'article 5 de l'arrêté; l'examen de ces états m'a paru nécessiter quelques explications, sur les noms qui peuvent être approuvés, sur ceux que les marchands d'engrais doivent changer.

Beaucoup d'engrais sont vendus sous les noms de *noir d'engrais*, *noir mélangé, noir de Marseille*, etc.; ou bien sous le nom de *charrée*, sans épithète; d'autres sont dits, *charrée de Chinon*, *charrée du Pays-Haut, charrée de Rochefort, cendres de Roche-*

5 *

fort, ou reçoivent d'autres dénominations vagues qui ne peuvent être conservées ; car elles peuvent s'appliquer à tous les engrais de couleur noire ou à toutes les cendres, quelle que soit la nature du combustible. Si l'on ne veut pas donner aux cendres un nom de fantaisie, il faut au moins qu'on spécifie si elles proviennent de la combustion du bois, du varech, etc., et si elles sont lavées ou non ; attendu que, dans ces différents cas, les qualités qui les font rechercher comme engrais, varient d'une manière notable. La désignation du lieu d'origine pour les engrais noirs comme pour les cendres, serait insuffisante, puisque, du même lieu, il peut venir des engrais noirs très-différents et des cendres lavées ou non, de divers combustibles. Il faudra donc, pour les engrais composés, donner un nom purement arbitraire, attendu que le détail de la composition serait trop long sur une enseigne, et pour une cendre à laquelle on ne voudra pas donner un nom de fantaisie, dire : *cendre lavée* ou *cendre non lavée de bois, de tourbe, de varech*, etc.

Je me réserve d'ailleurs l'approbation définitive des noms que vous m'aurez signalés; car vous comprenez que le même nom peut être donné, dans plusieurs localités différentes, à des matières entièrement dissemblables, ce qui occasionnerait des méprises et des contestations. Vous voudrez donc bien inviter MM. les marchands d'engrais à ne pas faire la dépense des écriteaux qui leur sont prescrits, avant d'avoir reçu mon autorisation pour la dénomination à donner à leurs engrais.

J'insiste de nouveau, Messieurs, sur l'accomplissement des formalités que je vous ai recommandées, pour le prélèvement des échantillons. Les échantillons d'engrais doivent être pris par vous, ou par un délégué, en observant les précautions diverses indiquées par ma circulaire du 19 mai (page 127 du Recueil Administratif); le prélèvement doit être fait en présence du débitant, qui désigne lui-même le nom donné à l'engrais, et ce nom est inscrit sur une étiquette mise dans le paquet ; ce paquet est ensuite fermé par le Maire, toujours en présence du débitant, et l'ouverture en est scellée avec le cachet de la mairie, de telle sorte qu'on puisse constater, avant l'analyse, que le paquet a été conservé intact, et que l'échantillon qu'il contient est bien celui qui a été prélevé en présence du marchand. Il est bien entendu que le nom inscrit sur le papier renfermé dans le paquet doit être répété dans la lettre d'envoi, pour que je puisse juger s'il est acceptable, et vous adresser immédiatement mes instructions.

Quelques observations m'ont été adressées par MM. les commerçants d'engrais au sujet des garanties que les analyses doivent présenter au commerce de bonne foi. J'avais prévu cette juste sollicitude ; pour y répondre, j'ai pris les mesures suivantes :

J'ai nommé une commission composée de cinq chimistes que la notoriété publique m'a désignés comme s'occupant plus particulièrement d'analyse de ce genre ; j'ai prié ces Messieurs de vouloir bien dresser, de concert avec M. le chimiste vérificateur, un programme du mode d'analyse le plus sûr et le plus convenable à employer, pour connaître en peu de temps la composition des engrais que livre le commerce. Ce programme, dès qu'il sera approuvé, devra être suivi dans l'analyse, et chaque marchand intéressé aura droit de s'assurer que l'essai auquel il sera appelé, sera fait suivant la méthode prescrite.

Dans le cas où une analyse serait contestée, plusieurs membres de la commission, au choix du commerçant, seront invités à la répéter eux-mêmes, en présence de **M.** le chimiste vérificateur, et des personnes que le commerçant lui-même appellera pour être témoins de l'opération. C'est le résultat de cette analyse qui sera envoyé à **M.** le Procureur du Roi, s'il y a fraude. Les frais de ces expertises seront à la charge de qui de droit.

Ces explications m'ont paru nécessaires pour répondre à diverses questions que m'ont adressées plusieurs d'entre vous, Messieurs les Maires ; je m'empresserai de concourir avec vous de tous mes efforts pour arriver à réprimer une fraude dont l'agriculture a eu tant à souffrir.

Recevez, Messieurs , etc.

Le Préfet de la Loire-Inférieure ,

A. CHAPER.

TABLE.

—

FIN DE LA TABLE.